Geographie in Heidelberg
Ein Überblick anläßlich des Jahres der Geowissenschaften 2002

herausgegeben von
Achim **SCHULTE**, Werner **GAMERITH** und Klaus **SACHS**

Geographisches Institut der Universität Heidelberg

Heidelberg 2002

Bibliografische Information Der Deutschen Bibliothek
Die Deutsche Bibliothek verzeichnet diese Publikation in der Deutschen Nationalbibliografie;
detaillierte bibliografische Daten sind im Internet über *http://dnb.ddb.de* abrufbar.

ISBN 3-00-011535-8

Titelgestaltung: Christine Brückner, Werner Gamerith und Achim Schulte
Quellennachweis: Tim Freytag, Werner Gamerith, Rüdiger Glaser, Michael Hoyler und Achim Schulte

© 2002 by Geographisches Institut der Universität Heidelberg, Berliner Strasse 48, D-69120 Heidelberg
http://www.geog.uni-heidelberg.de/

Satz: Werner Gamerith
Druck: Druckerei E. Kutas GmbH, Fröhnerhof 2a, D-67678 Mehlingen

Inhaltsverzeichnis

Vorwort

Nach dem „Jahr der Physik" (2000) und dem „Jahr der Lebenswissenschaften" (2001) hat das Bundesministerium für Bildung und Forschung das Jahr 2002 zum „Jahr der Geowissenschaften" erklärt. Neben zentralen Großveranstaltungen zu den Themen System Erde, Luft, Feuer und Wasser finden das gesamte Jahr über regionale Veranstaltungen statt, die den Austausch zwischen Wissenschaft und Öffentlichkeit fördern und intensivieren sollen.

Eine erste Veranstaltung, die von der Geographie in Heidelberg zum Jahr der Geowissenschaften ausgerichtet wurde, war die Ausstellung der Heidelberger Geographischen Gesellschaft (HGG) vom 9. April bis zum 18. Mai 2002 in der Stadtbücherei Heidelberg. Unter dem Titel „Die Erde im Fokus" wurden in einer Posterausstellung aktuelle Forschungsergebnisse aus dem Geographischen Institut und der Abteilung Geographie des Südasien-Instituts der Universität Heidelberg präsentiert.

Die vorliegende Publikation, die auf Initiative der Wissenschaftlichen Assistenten des Geographischen Instituts herausgegeben wird, stellt das breite Spektrum der Wissenschaftsdisziplin Geographie vor. Auf jeweils zwei Seiten werden die Ergebnisse aktueller Forschungsprojekte in leicht verständlicher Form vorgestellt. Dabei wird deutlich, daß die Geographie ein Fach ist, das natur-, wirtschafts-, sozial- und geisteswissenschaftliche Fragestellungen untersucht und miteinander verknüpft. Besonders die Synthese verschiedener Fachdisziplinen ist es, welche die moderne, anwendungsorientierte Geographie in Heidelberg auszeichnet. Das Spektrum der Forschungen am Geographischen Institut reicht von der geomorphologischen Prozeßforschung, Hydrogeographie und Paläo-Umweltforschung über Umweltmonitoring, Fernerkundung/GIS (Geographische Informationssysteme) und geographische Stadtforschung zur Arbeitsmarktforschung, Bildungs- und Politischen Geographie.

Die Forschungen werden auf verschiedenen räumlichen Maßstabsebenen vorangetrieben – Schwerpunkte auf der lokalen und regionalen Ebene sind die Stadt Heidelberg, der Rhein-Neckar-Raum und Südwestdeutschland. Daneben gibt es Untersuchungen für ganz Deutschland und für Mitteleuropa. Das Heidelberger Geographische Institut zeichnet

sich auch durch vielfältige außereuropäische Forschungsschwerpunkte aus. Zu nennen sind hier vor allem die Polar- (Spitzbergen) und Trockengebiete (südliches Afrika; Vorderer Orient), Südamerika, die USA und Südostasien.

Das Heidelberger Geographische Institut fühlt sich neben der Forschung auch der Lehre, besonders einer auf den Arbeitsmarkt ausgerichteten Ausbildung – auch außerhalb der Schule – verpflichtet. Die erforderliche Qualifizierung erfolgt durch Vorlesungen, Seminare und Exkursionen, aber auch durch mehr praktisch ausgerichtete Lehrveranstaltungen (Gelände-, Labor- und sozialwissenschaftliche Praktika, Geoinformatik-Kurse u. a. m.). Darüber hinaus werden studienbegleitend Schlüsselkompetenzen für ein erfolgreiches Studium vermittelt. Kolloquien und Vorträge deutscher und ausländischer Wissenschaftler sowie spezielle Seminare, wie sie die Heidelberger Hettner-Lecture oder die Heidelberger Geographische Gesellschaft (HGG) anbieten, geben Studierenden die Gelegenheit zum Austausch mit international renommierten Geographinnen und Geographen.

Mit seinem Labor für Geomorphologie und Geoökologie, computergestützten Einrichtungen und wissenschaftlich ausgebildeten Fachleuten bietet das Geographische Institut seine Kompetenz privaten und öffentlichen Auftraggebern auch als Dienstleistung an. Für Planungsaufträge und Gutachten in den Bereichen Umweltforschung, Geoökologie, Einzelhandelsforschung, Stadt- und Regionalplanung und GIS (Geographische Informationssysteme) stehen fachliche Kompetenz und die moderne technische Ausstattung eines Hochschulinstituts zur Verfügung.

Wir hoffen, daß Ihnen diese Zusammenstellung, die eine Auswahl aktueller Forschungsergebnisse präsentiert, die Geographie – besonders an der Universität Heidelberg – ein Stück näher bringt und wünschen Ihnen eine anregende Lektüre.

Heidelberg, im Dezember 2002

Die Herausgeber

Heidelberg zählt seit mehreren Jahrzehnten zu den attraktivsten und zugleich bedeutendsten Zielen des Städtetourismus in Deutschland. Im Jahr 2000 verzeichneten die städtischen Beherbergungsbetriebe mehr als 850.000 Übernachtungen, und am Heidelberger Schloß wurden mehr als eine Million Eintrittskarten verkauft. Charakteristisch für den Heidelberger Tourismus ist ein mit 44% ausgesprochen hoher Anteil ausländischer Übernachtungsgäste, bei denen es sich vornehmlich um US-Amerikaner und Japaner handelt. Die durchschnittliche Verweildauer der beherbergten Gäste beträgt 1,7 Nächte. Um ein differenziertes Bild der Heidelberger Besucher zu gewinnen, wurde im Jahr 2000 am Geographischen Institut der Universität Heidelberg unter Leitung von Tim Freytag das Projekt einer mehrjährigen Gästebefragung begonnen.

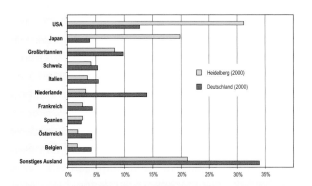

Herkunft ausländischer Übernachtungsgäste in Heidelberg und Deutschland. Quellen: Statistisches Bundesamt (2001); Verkehrsverein Heidelberg e.V. (2001)

❶ Projekt der Heidelberger Gästebefragung
❷ Informations- und Buchungsverhalten
❸ Aktivitäten der Besucher
❹ Beurteilung der Stadt
❺ Perspektiven

❶ In etwa 15minütigen *face-to-face* Interviews werden pro Jahreszyklus mehr als 1.500 Gäste in fünf Sprachen über deren Aktivitäten, Interessen und Einschätzungen der Stadt befragt. Mittels repräsentativer Stichproben soll eine zuverlässige Datenbasis zur Evaluierung der Fremdenverkehrssituation in Heidelberg aufgebaut werden, die im Unterschied zur amtlichen Übernachtungsstatistik auch Tagesbesucher und privat bei Freunden oder Verwandten untergebrachte Gäste erfaßt. Die Untersuchung beleuchtet die Perspektive der Besucher und kann damit als Ergänzung des in den 1990er Jahren konzipierten Tourismusleitbilds der Stadt dienen. Als Projektpartner fungieren der Heidelberger Verkehrsverein e.V., die ortsansässige *European Media Laboratory GmbH*, der europäische Verbund *European Cities Tourism* und die Wirtschaftsuniversität Wien. Entsprechende Gästebefragungen werden seit mehreren Jahren u.a. in den Städten Amsterdam, Berlin, Budapest,

Homepage des Heidelberger Verkehrsvereins e.V.
Quelle: http://www.cvb-heidelberg.de/

Dublin, Edinburgh und Tallinn mit dem doppelten Ziel durchgeführt, auf Grundlage der erhobenen Daten sowohl Aussagen über den Fremdenverkehr in den beteiligten Städten treffen zu können als auch übergreifende Strukturen und aktuelle Entwicklungen des europäischen Städtetourismus zu erkennen. Der Heidelberger Ergebnisbericht für den Zeitraum 2000/01 liegt bereits vor (FREYTAG / HOYLER 2002a).

❷ Die beiden wichtigsten Informationsquellen für die befragten Besucher sind der Heidelberger Verkehrsverein und Freunde oder Bekannte der Reisenden. Als weitere Anregungen werden die Lektüre von Reiseführern, die Bedeutung früherer Besuche und das positive Image der Stadt genannt. Das Internet übertrifft als Informationsmedium bereits die Prospektwerbung. Dies spiegelt sich auch in der Nutzung der Webseiten des Verkehrsvereins, die im Jahr 2001 mit 14 Millionen Zugriffen von rund 500.000 Internetgästen beziffert wird. Im allgemeinen nutzen zwei Drittel der Befragten das Internet mindestens einmal pro Woche. Es besteht ein wachsender Bedarf, Reisehinweise, Stadtpläne, Übernachtungs- und Veranstaltungsangebote sowie Informationen zur Stadtgeschichte *online* einzusehen.

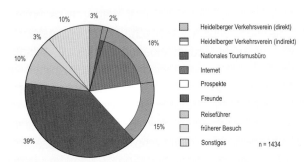

Informationsquellen. Quelle: FREYTAG / HOYLER (2002a)

Private Übernachtungsmöglichkeiten bei Verwandten oder Freunden werden insbesondere von deutschen Besuchern jüngerer Altersgruppen unter 35 Jahren stark in Anspruch genommen. Der überwiegende Teil der befragten Übernachtungsgäste greift jedoch auf das Angebot der Heidelberger Beherbergungsbetriebe und hier vor allem auf Hotels der Mittelklasse zurück. Für eine Vorausbuchung des Quartiers entscheiden sich 65% aller nicht privat untergebrachter Übernachtungsgäste. Die meisten von ihnen und insbesondere deutsche Besucher wenden sich direkt an die Unterkunft. Gäste aus dem Ausland nehmen nicht selten die Vermittlung über Reisebüros und andere Reiseveranstalter wahr oder lassen ihre Unterkunft von Freunden reservieren. Das Internet nutzen über 10% der Befragten für die Buchung.

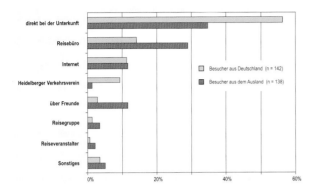

Vorausbuchung der Unterkunft. Quelle: FREYTAG / HOYLER (2002a)

❸ Die Attraktivität Heidelbergs liegt aus Sicht der Besucher vor allem in der historischen Bausubstanz und dem Charme der Altstadt sowie in der landschaftlich reizvollen Lage am Austritt des Neckars aus dem Odenwald. Wichtigster Anlaufpunkt ist das kurfürstliche Schloß mit seiner gut positionierten Aussichtsterrasse. Die meisten Besucher erkunden die Stadt zu Fuß und verbinden in einem Rundgang die wichtigsten Sehenswürdigkeiten der Heidelberger Altstadt. Der Öffentliche Personennahverkehr wird in etwas stärkerem Maße in Anspruch genommen als private Fahrzeuge. Für die Teilnahme an einer Stadtführung entscheiden sich 9% der Befragten, wobei der Anteil der ausländischen Besucher mit 15% gegenüber dem der deutschen Gäste überwiegt (6%).

Während der westliche Teil der Heidelberger Altstadt vor allem durch Einkaufsmöglichkeiten geprägt ist, konzentrieren sich die touristischen Aktivitäten um die Sehenswürdigkeiten der Kernaltstadt. In der gemütlichen Atmosphäre historischer Gassen und Plätze lädt ein breites gastronomisches Angebot die Besucher zum Verweilen ein. Die meisten von ihnen verzichten auf den Aufstieg zum Philosophenweg und begnügen sich mit den Aussichtspunkten der Alten Brücke und des Schlosses. Ausflüge in die nähere Umgebung unternehmen gut 20% der befragten Besucher, bei denen es sich vorwiegend um Gäste mit mehrtägiger Verweildauer handelt.

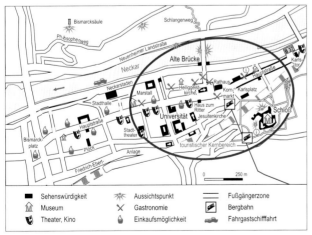

Bedeutende Sehenswürdigkeiten und touristische Ziele in der Heidelberger Altstadt. Quelle: FREYTAG / HOYLER (2002a)

Einer ersten Bilanz der begleitend zur Gästebefragung durchgeführten Ausgabenerhebung zufolge kann ein aktueller Wert von täglich € 111 je Übernachtungsgast in Beherbergungsbe-

trieben veranschlagt werden. Davon entfallen gut 40% auf die Unterkunft und jeweils etwa 30% auf Speisen und Getränke sowie sonstige Ausgaben (z.B. Einkäufe und Eintrittsgelder).

❹ Die Mehrzahl der Gäste gewinnt im Laufe ihres Aufenthalts einen äußerst positiven Eindruck von Heidelberg. Besonders hervorgehoben werden die vielfältigen Sehenswürdigkeiten sowie die Sicherheit und Sauberkeit in der Stadt. Die Einwohner werden überwiegend als gastfreundlich beschrieben, wenn auch unter den jüngeren Besuchern vereinzelt kritischere Stimmen zu finden sind. Über die Hälfte der befragten Besucher bescheinigt der Stadt ein breites gastronomisches Angebot und ein reichhaltiges kulturelles Leben. Geteilter Meinung sind die Besucher jedoch hinsichtlich des Preisniveaus in der Stadt. Zu jeweils etwa einem Drittel bezeichnen die Befragten Heidelberg als preiswerte bzw. nicht preiswerte Stadt. Große Unterschiede zeigen sich bei einer Differenzierung nach der Herkunft der Besucher. Während nur 10% der Deutschen Heidelberg als preiswert einstufen, liegt der entsprechende Anteil ausländischer Besucher bei 50%. Darin spiegelt sich ein für Deutschland vergleichsweise hohes Preisniveau, das aber aus dem Blickwinkel vieler internationaler Gäste durchaus moderat erscheint.

Stärken und Schwächen aus Sicht der Besucher. Quelle: FREYTAG / HOYLER (2002a)

❺ Heidelberg vermag viele seiner Besucher langfristig an die Stadt zu binden. Von den befragten Gästen gibt die Hälfte an, die Stadt bereits früher und teilweise mehrfach besucht zu haben. Fast drei Viertel der Befragten bezeichnen einen erneuten Besuch als wahrscheinlich und tragen als Multiplikatoren ihrer Eindrücke zum Renommee Heidelbergs im In- und Ausland bei. Die Heidelberger Bevölkerung leistet einen wichtigen Beitrag, indem sie Freunde und Bekannte zum Besuch der Stadt anregt. Dies gilt auch für die Universität und ansässige Unternehmen mit persönlichen und beruflichen Kontakten in der ganzen Welt. Weiterhin bestehen mit dem Internet und seiner zunehmenden Nutzung durch die Besucher neue Möglichkeiten einer kostengünstigen und effizienten langfristigen Bindung an die Stadt. Die hohe Bereitschaft zu Wiederholungsbesuchen kann auf diese Weise gezielt aktiviert werden.

Tim Freytag
tim.freytag@urz.uni-heidelberg.de

3

Ideologie und Stadtbild

Monumentale Baugesinnung war im kulturgeschichtlichen Ablauf bereits frühzeitig als Synonym der Macht verstanden worden, sichtbar in den wuchtig gefügten Megalithdenkmälern des Neolithikums – beispielsweise in Carnac. Spätestens mit Errichtung der Stufenpyramide des Königs Djoser, die das Zentrum einer aus Scheinarchitekturen bestehenden Tempelstadt bildet, spiegeln sich gesellschaftspolitische Entwicklungen immer in der Architektur und im Städtebau wider. Erkenntnisobjekt einer Architektur als „materialisierter" Form von Politik und Ideologie ist primär die Raumbezogenheit von Gesellschaft. Dabei hat die Geographie die unterschiedlichen Arten der Raumaneignung, Raumnutzung und –gestaltung in Wechselwirkung mit gesellschaftlichen Verhältnissen und Prozessen zu erklären.

❶ Die Bedeutung von Architektur im Nationalsozialismus
❷ Kulissen der Gewalt im romantischen Heidelberg
❸ Die Instrumentalisierung von Architektur

Das Festspielhaus wäre das größte und höchste Bauwerk der Aufmarschstraße in Heidelberg geworden. Diese Aufmarschstraße war mit einer Länge von 1,5 km zwischen Hauptbahnhof und Adenauerplatz geplant. Die hier gezeigte Hauptfassade war in einer Länge von 130 m vorgesehen. Als Vorlage für das 3D-Modell sind die Entwürfe von 1941 verwendet worden. Insgesamt sind Entwürfe von 1939 bis 1942 im Stadtarchiv der Stadt Heidelberg erhalten. Quelle: FLECHTNER (2000, 78)

❶ Gerade im Nationalsozialismus spielten Architektur und Städtebau eine herausragende Rolle als Mittel zur Demonstration von Herrschaft und Macht einerseits, als Mittel zur Ausrichtung der Bevölkerung auf die Weltanschauung und Ideologie andererseits. Diese zentrale Bedeutung von Architektur im Nationalsozialismus zeigt sich im realen Abbild – im Nürnberger Parteitagsgelände, dem Berliner Olympiastadion, dem Weimarer Gauforum –, mehr aber noch im Umfang der angestrebten, aber nicht verwirklichten Bauvorhaben. Die für Heidelberg geschaffenen Entwürfe veranschaulichen den propagandistischen Zweck der Formensprache und des städtebaulichen Eingriffs von Architektur im Nationalsozialismus mu-

stergültig. Dies liegt begründet in der Bedeutung, die Heidelberg im Nationalsozialismus hatte. Heidelberg galt „als eine Stadt von wesentlicher nationaler Bedeutung und als eine der großen deutschen Weltreisestädte", darüber hinaus verfügte Heidelberg über eine Universität mit Weltruf. Das Heidelberger Stadtbild sollte durch diese Neugestaltung die Inhalte nationalsozialistischer Weltanschauung dem In- und Ausland demonstrieren.

Welche Maßnahmen zur baulichen Semiotisierung hätten in Heidelberg durchgeführt werden sollen? Welcher Formensprache bediente sich der Nationalsozialismus und mit welchen Mitteln wollte man die Weltanschauung der Nationalsozialisten im städtischen Raum demonstrieren? Dabei gibt uns die Visualisierung der Entwürfe von Hans FREESE, der ab 1939 mit der „Neugestaltung der Heidelberger Westvorstadt" beauftragt war, eine Vorstellung von dem gigantomanischen Charakter der geplanten Bauten, der Wirkung der gesamten Anlage und dem folgenschweren Eingriff in das kleinteilige Stadtgefüge.

Der Führerbalkon am geplanten Festspielhaus in Heidelberg. Ein entsprechendes Architekturmotiv hätte sich an mehreren Hauptfassaden von Repräsentativbauten entlang der Aufmarschstraße befunden. Hier findet das Führerprinzip als Zentralmotiv nationalsozialistischer Herrschaft seine Umsetzung. Der Führerbalkon symbolisierte die ständige Anwesenheit des abwesenden Führers. Quelle: FLECHTNER (2000, 84)

❷ Die Planungen von FREESE für Heidelberg erlangten nationale Bedeutung als übergreifendes Bauvorhaben: eine Aufmarschstraße in nationalsozialistischer Monumentalität zwischen Bismarckplatz und heutigem Bahnhof. Die durch die Verlegung des alten Bahnhofs frei werdende Schneise von etwa 1,5 km Länge und 130 m Breite machte eine Neuplanung in diesem Gebiet ohne Rücksicht auf den vorhandenen historischen Gebäudebestand möglich.

Bei den Plänen zur Neugestaltung der Heidelberger Westvorstadt handelte es sich um monumentalistische Staats- und

Parteiarchitekturen, die der Selbstdarstellung des Regimes und der Lenkung der Massen dienten und den architektonischen Rahmen für die kultischen Inszenierungen des faschistischen Systems bildeten. Die Formensprache dieser Repräsentationsbauten hob ab auf die Betonung isolierter Baukörper, die von ihrer natürlichen Umgebung oder der sie umgebenden Bebauung abgesetzt waren. Die Baukörper selbst erhielten einen statischen und blockhaften Charakter. Der langgestreckte, lagernde bzw. „ruhende" Baukörper ergänzt durch die monotone Reihung von Fenstern war die übliche Ausführung eines monumentalen Gebäudes. Dynamisch wirkende Umrisse der Gebäude waren nicht gewünscht, dementsprechend wurden die Bauten mit einem flachen Dach abgeschlossen. Auf Ornamente und Schmuckformen wurde weitgehend verzichtet, bevorzugt wurden statt dessen wuchtige Baumassen, glatte Wandflächen, gerade Linien, tief eingeschnittene Fenster, scharfkantige Profile, parallele Pfeilerreihen, formale Wiederholungen, streng geometrische Formen, harte Kanten und axiale bzw. symmetrische Raumproportionen. Der Verzicht auf eine differenzierte Profilierung und ornamentale Ausgestaltung der Fassade wurde durch das intensive Licht- und Schattenspiel der Außengliederung in Form von Umgängen, Pfeilern, stark ausladenden Abschlußgesimsen und tiefen Fenster- und Türnischen ausgeglichen. Einzige Schmuckelemente an den Fassaden stellten in der Regel die kastenförmig eingefaßten Gewände von Türen und Fenstern, die Gesimse und die Sockelausbildung sowie die „Führerbalkone" und „Hoheitszeichen" dar. Da die Repräsentationsbauten selber schon einen Denk- und Mahnmalcharakter hatten, konnte man die Herrschaftssymbole auf die traditionellen Machtsinnbilder wie zum Beispiel den Adler und den Löwen reduzieren. Dazu kam das Emblem des nationalsozialistischen Staates, das Hakenkreuz.

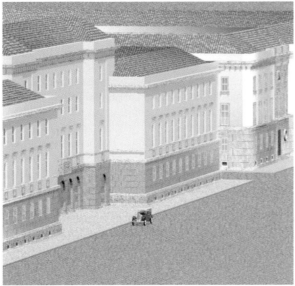

Ausschnitt aus dem 3D-Modell von Iris FLECHTNER nach Entwürfen von Hans FREESE. Die Fassaden sind einheitlich nach demselben architektonischen Prinzip gestaltet. Auch die Höhe und Gestalt der Walmdächer ist einheitlich. Durch die kräftigen Gesime erhalten die Gebäude einen starken horizontalen Zug. Quelle: FLECHTNER (2000, 79)

Als Aufmarschstraße geplant, hätte die Anlage gleichzeitig als Ausdruck sowie der Ausrichtung auf die nationalsozialistische Weltanschauung hin gedient. In ihrer Monumentalität und Strenge hätte sie beim Betrachter Gefühle des Stolzes gegenüber seiner „Vaterstadt" hervorrufen sollen und „den Willen, sich für sie mit allen Kräften einzusetzen". Die versteinerten, glatten Wandflächen demonstrieren Unnahbarkeit und Unangreifbarkeit, Härte, Strenge und Klarheit der architektonischen Ordnung die „germanischen Kämpfertugenden". ‚Unerschütterliche' Linien und parallele Pfeilerreihen gleich einem geradlinigen Zug von Marschierenden bezeugen den soldatischen Charakter, der zum Hauptwesensmerkmal nationalsozialistischer Architektur wird. Der Betrachter soll sich der monumentalen Fassade und dem wuchtigen Umfang nicht entziehen können, sich der Unbedeutendheit des Einzelnen bewußt werden und nicht zuletzt Stolz gegenüber den Leistungen seines Volks entwickeln. Über diese militärische Intention und erzieherische Wirkung hinaus sollte die Anlage auch kulturelle und wirtschaftliche Dominanz nach außen demonstrieren und sich als steinernes Zeugnis seiner Zeit von der sie umgebenden Bebauung abheben. Die Umsetzung der Pläne für eine neue Stadtmitte hätte für Heidelberg allerdings einen enormen Eingriff in die kleinparzellige Struktur und historisch gewachsene Silhouette bedeutet. Die neue Stadtmitte hätte sich von der übrigen Bebauung komplett abgehoben – und damit genau den Vorstellungen der neuen Architektur- und Städtebauelite entsprochen. Die Gewalttätigkeit dieser Monumentalbauten ist evident. Die Rücksichtslosigkeit, mit der die Planer in eine wachsende Stadt eingreifen wollten, ist kaum vorstellbar. Die von FREESE geplanten Architekturen wären als Kulissen der Gewalt im romantischen Heidelberg entstanden.

❽ Maßgabe für die Formensprache nationalsozialistischer Baukunst war nicht ein in sich schlüssiges Architekturkonzept, sondern eine Lehre über die Instrumentalisierung der Architektur im Sinne der ‚neuen Weltanschauung'. Als charakteristische Merkmale dieser ‚neuen Weltanschauung' wurden im Hinblick auf die Architektur von den damaligen Architekten immer wieder Begriffe wie ‚Klarheit', ‚Geradheit', ‚Schlichtheit', ‚Geordnetheit', ‚Exaktheit', ‚Sachlichkeit' genannt. Eine wesentliche Rolle spielten in diesem Zusammenhang auch die Vorstellungen, die sich in der Blut-und-Boden-Ideologie ausdrücken und über Begriffe wie ‚Volk', ‚Heimat', ‚Familie', ‚Organismus' in die verschiedenen Ansätze eines architektonischen Programms einflossen. Grund und Boden als Wurzeln für die Volksgemeinschaft, die, nach der Vorstellung der Nationalsozialisten, artmäßige Gleichheit und bestimmte Rassemerkmale aufweist und deren Eigenschaften sich auch in der Architektur widerspiegeln: Deutsche Architektur war demnach in erster Linie ‚nordisch', ‚stammhaft', ‚heroisch', ‚ständisch' und ‚bäuerlich'.

Entsprechend diesen Begriffen ist die gesamte gesellschaftliche und ideologische Anordnung der Architekturen ‚nationalsozialistisch', nicht das einzelne Element. Dieses wird erst ‚nationalsozialistisch' mit der Einordnung in den historischen Zusammenhang, in die Ziele und die Politik der Nationalsozialisten. Die Monumentalität der Architekturen von FREESE ist an sich nicht nationalsozialistisch, sondern eher ein stadtgestalterischer Eingriff, der jede gewachsene Struktur ignoriert. Auch kann keiner der Entwürfe ein politisches Programm ausdrücken. Der propagandistische Zweck der Architekturen von FREESE läßt sich nur durch den historischen Zusammenhang ihrer Entstehung und die ehemals herrschenden gesamtgesellschaftlichen Verhältnisse erklären.

Reinhold Weinmann
pantheon@t-online.de

Modellierung des Abflusses aus drei kleinen Einzugsgebieten östlich von Dossenheim

In diesem Forschungsprojekt, das von der Gemeinde Dossenheim finanziert wird, soll die Abflußdynamik der drei kleinen Bäche Mantelbach, Brenkenbach und Mühlbach, die alle ihr Quellgebiet im Odenwald haben und über die östliche Schulter des Rheingrabens in Richtung Dossenheim entwässern, modelliert werden. Das bereits existierende Hochwasserrückhaltebecken am Mantelbach nimmt innerhalb der Untersuchungen eine zentrale Stellung ein. Durch die Berechnungen mit dem Niederschlag-Abfluß-Modell NASIM wird das Becken für den 100jährlichen Hochwasserfall neu dimensioniert, und es lassen sich die Voraussetzungen für eine genaue Sanierungsplanung für das Becken schaffen. Sollte das vorhandene Volumen des Hochwasserrückhaltebeckens am Mantelbach für den 100jährlichen Hochwasserfall nicht ausreichen, können aufgrund der Untersuchungsergebnisse ergänzende Maßnahmen mit dezentralem Charakter ausgewiesen werden.

❶ Das Untersuchungsgebiet
❷ Vorstellung und Kalibrierung des Modells
❸ Erste Ergebnisse

Das gefüllte Hochwasserrückhaltebecken am Mantelbach (Blick auf das Überlauf-Bauwerk)

❶ Naturräumlich gehört das Untersuchungsgebiet zur Einheit Odenwald-Bergstraße. In weiten Teilen des Untersuchungsgebiets steht Quarzporphyr an. Dabei handelt es sich um ein vulkanisches Gestein, welches an dieser Lokalität im Perm (vor etwa 270 Mio. Jahren) gebildet wurde. Im Mesozoikum (vor 250 bis 65 Mio. Jahren) wurde das kristalline Grundgebirge von den Schichten der Trias (Buntsandstein, Muschelkalk und Keuper) sowie anschließend von Schichten des Jura bedeckt. Weite Teile Südwestdeutschlands wurden als Fernwirkung der Alpenbildung im Tertiär gehoben. Dabei wölbte sich die Süddeutsche Scholle etwa im Bereich der heutigen Oberrheinischen Tiefebene kräftig auf. Die Schichten des Deckgebirges wurden schräg gestellt, und am Scheitel brach aufgrund

von Spannungen der Oberrheingraben ein. Es erfolgte vom Grabenrand ausgehend rückschreitende Erosion in Richtung Nordosten. Dabei wurden die einzelnen schräggestellten Schichten freigelegt. Im Untersuchungsgebiet liegt daher neben dem Quarzporphyr im östlichen Bereich auch Unterer Buntsandstein an. Während der Eiszeiten wurde Löß (vom Wind transportiertes, kalkhaltiges Feinsediment) aus den Schottern des Oberrheins ausgeblasen und am westlichen Anstieg des Odenwalds akkumuliert. Diese Ablagerungen sind am Siedlungsrand von Dossenheim bis zu mehrere Meter mächtig und reichen bis in eine Höhe von etwa 400 m NN. Die drei Bäche haben sich tief in den Quarzporphyr eingeschnitten. Aufgrund des steilen Reliefs sind geringmächtig ausgebildete Böden zu erwarten.

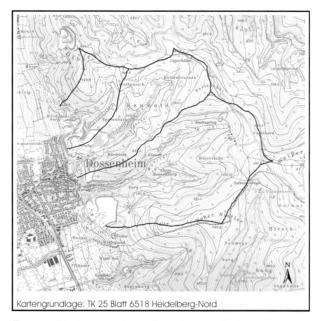

Kartengrundlage: TK 25 Blatt 6518 Heidelberg-Nord

Topographische Lage des Untersuchungsgebietes

❷ Der Abfluß ist der Teil des Niederschlagswassers, der als Oberflächenabfluß, als Zwischenabfluß (Interflow) oder als Basisabfluß aus dem Einzugsgebiet abgeführt wird. Ein Teil des Niederschlagswassers geht jedoch durch Interzeption und Evapotranspiration „verloren". Das zur Niederschlag-Abfluß-Berechnung verwendete Modell NASIM bildet die wesentlichen Elemente des hydrologischen Kreislaufs ab und ermöglicht so die Simulation der geschlossenen Wasserbilanz. Sämtliche abflußrelevanten Parameter, d. h. die Gebietseigenschaften der einzelnen Teileinzugsgebiete (Geologie, Klüfte, Böden, hydrologische Besonderheiten, Vegetation, Versiegelungsgrad etc.) fließen in die Modell-Berechnungen ein. Nur mit genauer Kenntnis der Gebietsausstattung lassen sich Niederschlag-Abfluß-Modellierungen in diesen kleinen Einzugsgebieten durchführen. Zusätzlich ist die Eichung des Modells durch Messung von Niederschlägen und Abflüssen als Kalibrierungsgrößen notwendig, um die Jährlichkeiten von Abflußereignissen und die sich daraus ergebenden Schutzmaßnahmen für die Gemeinde Dossenheim ermitteln zu können. Mit einem hydrologischen Sondermeßnetz mit registrierenden digitalen Pegeln und Niederschlagssammlern in den drei Einzugsgebieten werden die hydrologischen Grundlagendaten zur Kalibrierung des Modells erhoben. Die Bodenfeuchtigkeit zur Bestimmung der Vorfeuchte bei abflußwirksamen Niederschlägen wird an einer hydrologischen Meßstation ebenso kontinuierlich erfaßt wie die Lufttemperatur und Luftfeuchte. Der Anteil des Niederschlags, der nicht als oberflächlicher Abfluß abgeführt wird, sondern durch Infiltration in den Boden gelangt und anschließend entweder als *Interflow* austritt oder über Klüfte als Basisabfluß abgeführt wird, soll in Geländeversuchen durch den Einsatz von Markierungsstoffen (Salz- und Fluoreszenztracern) sowie über die Isotopenzusammensetzung bestimmt werden.

❸ Die Untersuchungen innerhalb dieses Projekts haben im Winter 2001/02 begonnen. In einem ersten Schritt wurden an ausgewählten Standorten im Mantelbachtal und im Brenkenbachtal Bodenuntersuchungen durchgeführt. Die Ergebnisse der unterschiedlichen Bodenparameter (Bodenart, Bodentyp, pH-Wert, Infiltrationskapazität etc.) werden später als Teil der Gebietsausstattung in das hydrologische Modell mit einfließen. Ziel der Bodenuntersuchung ist unter anderem, eventuell vorhandene wasserstauende Schichten ausfindig zu machen, die als Leitbahnen für den *Interflow* dienen und entsprechend zum Entstehen von Hochwasserwellen beitragen.

Die Untersuchungen haben gezeigt, daß die Böden – wie erwartet – aufgrund der Steilheit des Reliefs geringmächtig (bis ca. 1 m) ausgebildet sind. An einigen Standorten hat sich eine Parabraunerde entwickelt. Dieser Bodentyp zeigt hier beispielsweise eine Oh-Ah-Al-Bt-Bv-IICv-Horizontabfolge. Der Oh-Horizont (Humusauflage) ist etwa 3 cm mächtig. Darunter befindet sich ein ca. 2 cm mächtiger Ah-Horizont (humusreicher Oberboden). Anschließend folgt ein etwa 35 cm mächtiger tonverarmter (lessivierter) Al-Horizont, welcher einen Tonanteil von nur etwa 10% aufweist. Ein Teil des Tones wurde vom Sickerwasser in den darunter befindlichen ca. 13 cm mächtigen, tonangereicherten Unterboden (Bt-Horizont) verlagert. Dieser besitzt daher einen höheren Tongehalt von etwa 20% und stellt damit eine wasserstauende Schicht dar. Darunter folgt ein ca. 20 cm mächtiger verbraunter Bereich (Bv-Horizont). Die tiefbraune Farbe entstand durch die Verwitterung eisenhaltiger Minerale.

Der Boden hat sich aus einer Lößlehm-Schicht mit weniger groben Komponenten (Steinen) entwickelt, die auf einer älteren Schicht aus verwittertem Quarzporphyr (IICv-Horizont) mit wesentlich mehr Steinen abgelagert wurde. Die Grenze zwischen Bv- und IICv-Horizont ist demnach sowohl Horizont- als auch Schichtgrenze. Beide Schichten (Lößlehm und Quarzporphyrschutt) sind durch Solifluktion (Hangkriechen über gefrorenem Untergrund) während der letzten Kaltzeit abgelagert worden. Der Odenwald war zu den Eiszeiten nicht vergletschert, sondern war Periglazialgebiet mit Dauerfrostboden. Es wechselten lange, strenge Winter mit kühlen Sommern. In den Sommermonaten konnte nur die oberste Schicht des Bodens auftauen, wohingegen die Schicht darunter gefroren blieb. Der darauf entstandene „Bodenbrei" floß aufgrund der starken Hangneigung abwärts und gelangte an den jetzigen Standort. Beide Bereiche des Bodenprofils (Ah bis Bv) und IICv werden daher als Schichten bezeichnet.

An anderen Standorten hat sich, über das Stadium einer Braunerde, ein Braunerde-Podsol entwickelt. Bei diesem Bodentyp findet eine vertikale Verlagerung gelöster organischer Stoffe zusammen mit Aluminium und Eisen vom Oberboden in den Unterboden statt.

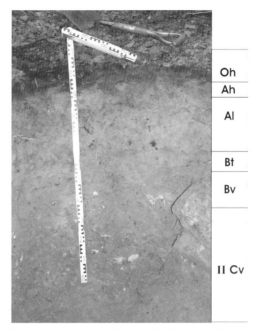

Parabraunerde aus Lößlehm über Quarzporphyrschutt

Im Oberboden entsteht dabei ein an diesen Stoffen verarmter, gebleichter Ae-Horizont, der im vorliegenden Fall etwa 5 cm mächtig ist. Im Unterboden werden die umgelagerten Stoffe angereichert, wobei ein eisenangereicherter, eventuell auch verhärteter Horizont (Bsh-Horizont) entstehen kann, der mitunter auch als *Interflow*-Leitlinie dient. Darunter folgt ein ca. 25 cm mächtiger Bv-Horizont. Als Ausgangsgestein für die Bodenbildung liegen wiederum Solifluktionsschichten vor.

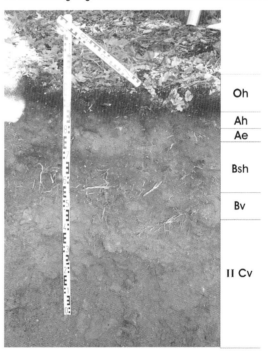

Braunerde-Podsol über Quarzporphyrschutt

Heike Wieczorrek
heike.wieczorrek@urz.uni-heidelberg.de
Gerd Schukraft
nd7@ix.urz.uni-heidelberg.de
Achim Schulte
schulte@geog.fu-berlin.de

Heidelberg in 4 Dimensionen

Geschäftiges Treiben in den engen Gassen der Altstadt, bewacht durch eine mächtige Schloßruine am Hang. Das ist das romantische Bild, das mit Heidelberg verknüpft wird. Doch Heidelberg ist keine Stadt aus der Epoche der Romantik. Auch das Schloß stand schon weit über ein Jahrhundert als Ruine am Hang, bevor es in der Romantik neu entdeckt wurde. Seit seiner Zerstörung im Pfälzischen Erbfolgekrieg diente es hauptsächlich als Steinbruch für den Wiederaufbau der ebenfalls fast komplett zerstörten Stadt. Wie die Altstadt jedoch davor aussah und wie sie sozialräumlich gegliedert war, ist bisher kaum erforscht. Die folgende Betrachtung beschäftigt sich mit Heidelberg im 17. Jahrhundert aus einer historisch-geographischen Sichtweise und der Visualisierung der Ergebnisse in digitaler Form. Das Untersuchungsgebiet entspricht etwa der heutigen Altstadt.

① Überblick über die Heidelberger Stadtentwicklung bis 1693
② Überlegungen zum Entwurf eines Grundrißplans und eines Höhenmodells
③ Dreidimensionale computergestützte Rekonstruktion zerstörter Bauwerke
④ Die sozialräumliche Gliederung Heidelbergs
⑤ Darstellung der Ergebnisse auf einem mobilen Rechnersystem

① Bei der Betrachtung Heidelbergs aus einer historisch-geographischen Sicht ist es unabdingbar, auf die Geschichte der Stadt selbst einzugehen.

Heidelberg wird urkundlich erstmalig im Jahr 1196 erwähnt. Im Osten wird das damalige Heidelberg etwa durch die heutige Plankengasse und im Westen durch die Grabengasse begrenzt. Die Hauptstraße durchzieht diese Kernaltstadt als Ost-West-Achse. Dazu verlaufen parallel die Untere Straße und die Ingrimstraße. Rechwinkelig dazu zweigen die übrigen Straßen ab und bilden so ein „Leitersystem", wie es für viele Stadtgründungen aus dieser Zeit typisch ist (BALHAREK 1992). Abgeschlossen wurde die Stadt durch eine Stadtmauer und mehrere Tore.

Die Gründung der Universität 1386 und die Entwicklung zur Residenz ab dem 14. Jahrhundert verhalf der Stadt zu einem starken Aufschwung. Zu dieser Zeit wird das Dorf Bergheim aufgelöst. Die Bewohner werden in die Vorstadt (Grabengasse bis heutige Sofienstraße) umgesiedelt. Seinen Höhepunkt erreicht Heidelberg als Residenz- und Universitätsstadt im 16. und 17. Jahrhundert. Mit dem 30jährigen Krieg beginnt Heidelbergs Niedergang. Heidelberg wird erobert und teilweise zerstört. 1689 geht es neuerlich in Flammen auf und wird im Jahr 1693 fast vollständig zerstört. Dabei gehen die meisten

Archivalien verloren. Erst im 18. Jahrhundert wird Heidelberg wieder aufgebaut und erhält das uns heute bekannte Gesicht.

Rekonstruktion des Hexenturms am heutigen Universitätsplatz. Die Abbildung zeigt seine Erscheinungsform um 1620. Die gelbe halbtransparente Ebene stellt das heutige Höhenniveau im Gegensatz zum damaligen (grau) dar. Der Höhenunterschied beträgt hier über vier Meter.

② Eine Stadt, die über Jahrhunderte gewachsen ist, hat sich zwangsläufig verändert. Diese Veränderungen spiegeln sich neben der Bausubstanz hauptsächlich in der Straßenführung und im Höhenniveau wider. Für die Visualisierung ist es nötig, als ersten Schritt einen zweidimensionalen Grundrißplan und darauf aufbauend ein digitales Geländemodell zu erstellen.

Ein erster Blick auf den Stadtplan zeigt auch heute noch eine klare Trennung der Kernaltstadt in zwei Bereiche: Nördlich der Hauptstraße eine regelmäßige Parzellierung, südlich davon finden sich größere ungegliederte Bereiche. Dies sind Gebiete, in denen sich damals großflächige Klöster und Adelshöfe befanden. Bei der Anlage der Straßen in diesen Bereichen mußte außerdem auf bereits bestehende Verhältnisse, wie etwa den ehemaligen kurfürstlichen Marstall, Rücksicht genommen werden (GOETZE 1996). Umbauarbeiten und Zerstörungen ließen neue Straßen entstehen (Merian- und Schulstraße), bestehende Strassen wurden verändert (Ingrimstraße).

Neben der Veränderung des Straßenverlaufs hat sich in Heidelberg auch nachweislich des Höhenniveau geändert. Durch eine mehrmalige Zerstörung nach dem 30jährigen Krieg fiel eine große Menge Schutt an. Was beim Wiederaufbau keine Verwendung fand, wurde mehr oder weniger gleichmäßig und flächig in Heidelberg verteilt. So lag die Hauptstraße damals gut einen halben Meter tiefer als heute (MERZ 1965). Besonders deutlich wird dieser Höhenunterschied im Bereich des südlichen Neckarufers. Städtebauliche Maßnahmen erforderten hier eine Aufschüttung von mehreren Metern.

❸ Von der Zerstörung im Jahre 1693 blieben nur wenige Bauwerke verschont. Dies sind neben einigen sakralen Gebäuden u. a. das heutige Hotel Ritter und Teile des Schlosses. Über das Aussehen der Stadt vor der Zerstörung geben verschiedene Kupferstiche, Aquarelle und Pläne Auskunft. Dabei handelt es sich jedoch immer um Einzelwerke, die eine bestimmte Absicht verfolgen. So hebt MERIAN in seiner berühmten Stadtansicht von Heidelberg aus dem Jahr 1620 bestimmte Gebäude und Teile der Befestigungsanlagen durch eine Vergrößerung hervor. Dies soll die Schönheit und Stärke Heidelbergs demonstrieren. Um ein Gesamtbild der Stadt zu erhalten, ist es notwendig, diese Besonderheiten zu kennen, sie den realen Verhältnissen anzupassen und die Gesamtheit der Einzelwerke in ein Werk zu integrieren. Diese Ergebnisse werden dann am Computer zu einzelnen dreidimensionalen Bauwerken aufbereitet.

Das Speyerer Tor am heutigen Bismarckplatz. Ausschnitt aus dem Merianstich von 1620 und eine computergestützte Rekonstruktion

Bauwerke haben sich jedoch auch im Untersuchungszeitraum verändert. Diese Veränderungen werden bei der computergestützten Rekonstruktion beachtet und fließen in unterschiedliche Versionen von demselben Gebäude ein. Somit ist es möglich, verschiedene Bauzustände wiedergeben zu können. Nach der Georeferenzierung der Modelle entsteht ein vierdimensionales Bild der Heidelberger Altstadt mit der Zeit als vierter Dimension.

❹ Als wichtigste Quellen zur sozialräumlichen Gliederung können Einwohnerverzeichnisse und Kirchenbücher herangezogen worden. Leider sind heute nur noch wenige Quellen aus der Zeit vor 1693 erhalten. Eines der noch erhaltenen Einwohnerverzeichnisse aus dem späten 16. Jahrhundert wurde bereits ausgewertet. Es enthält u. a. Informationen zur Gerichtsbarkeit und zum ausgeübten Beruf (Zunftzugehörigkeit). Diese Informationen wurden in ein GIS integriert und bestätigen andere Quellenaussagen. Auf mehreren Kupferstichen und Aquarellen erkennt man beispielsweise deutlich große Gartenanlagen in der Vorstadt. Dies sind meist Adelshöfe oder geistliche Besitzungen (HEPP 1993). Diese Aussagen lassen sich durch eine Betrachtung der Bewohner der Vorstadt nach ihrer Gerichtsbarkeit und Zunftzugehörigkeit untermauern. Bewohner aus Gebieten mit großen Gartenanlagen gehören keiner Zunft an und unterstehen juristisch dem Schloß. Es handelt sich also offenbar um höher gestellte Persönlichkeiten, die einen repräsentativen Lebensstil bevorzugten.

Ganz anders das Bild in der eng bebauten Altstadt zwischen Neckar und Hauptstraße. Wie von der Bebauungsart nicht anders zu erwarten, wird dieses Gebiet von der „normalen" Stadtbevölkerung bewohnt.

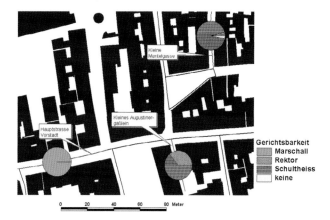

Die Verteilung der Gerichtsbarkeit ändert sich deutlich zwischen Vorstadt und Kernaltstadt. Während in der Hauptstraße der Vorstadt alle Bewohner dem Marstall (und somit dem Hof) unterstehen, zeigen die Kreisdiagramme in der Kernaltstadt die „normale" Bevölkerungszusammensetzung.

❺ Die in den Punkten 1 bis 4 vorgestellten Ergebnisse werden in einem letzten Schritt für ein mobiles Rechnersystem optimiert.

Mögliche Darstellung eines historischen Bauplans und einer Rekonstruktion auf einem mobilen Rechnersystem.

Somit kann sich jeder an der Stadtgeschichte interessierte Benutzer frei durch Heidelberg bewegen und an Ort und Stelle Informationen über das Aussehen und die sozialräumlichen Verhältnisse in der Residenzstadt vor etwa 400 Jahren abfragen.

Heidelbergs Geschichte ist weit älter als das Bild, das heutzutage durch die barocke Altstadt und die Schlossruine vermittelt wird. Arbeiten zu den wenigen Quellen aus der Zeit vor dem 18. Jahrhundert wurden meist aus einer archäologischen oder historischen Sichtweise betrieben. Die Aufbereitung dieser Quellen in eine digitale Form und die Auswertung der Quellen unter geographischen Aspekten schließen eine Forschungslücke über Heidelberg im 17. Jahrhundert.

Robert Jany
Robert.Jany@eml.villa-bosch.de

Die Sanierung und Restaurierung eines nährstoffreichen Baggersees (Willersinnweiher/ Ludwigshafen)

In unserer heutigen durch Landwirtschaft und Industrie stark überprägten Natur sind viele Seen von einem schnellen Anstieg der Nährstoffgehalte (Eutrophierung) betroffen. Ein verstärktes Aufkommen von Algen, geringe Sichttiefen und Sauerstoffmangel sind oftmals die Folge. Diese beschränken die Nutzung und können das Leben im See massiv gefährden. Häufig kann diese Entwicklung nur durch gezielte Maßnahmen gebremst und teilweise wieder rückgängig gemacht werden. Wichtigster Schritt bei der Senkung der Nährstoffgehalte (Re-Oligotrophierung) und dem Versuch der Wiederherstellung naturnaher Verhältnisse in Seen ist zunächst die Verringerung des Nährstoffeintrags (Sanierung). Eine Schlüsselrolle spielt dabei zumeist der Phosphor. Gezielte Eingriffe im See selbst (Restaurierung) können die Verbesserungen beschleunigen. Diese seeinternen Maßnahmen zielen teilweise auf den aktiven Entzug von Phosphor, z. B. durch chemische Fällungsverfahren. Andere Ansätze beinhalten gezielte Eingriffe auf die Biozönose (Lebensgemeinschaft: Wasserpflanzen, Plankton, Fische etc.).

❶ Der Willersinnweiher/Nährstoffquellen
❷ Durchgeführte Maßnahmen
❸ Veränderungen im Nährstoffhaushalt
❹ Veränderungen der Biozönose
❺ Fazit

Luftbild des Willersinnweihers (1997). Die im Rahmen des Projekts neu gestalteten Flachuferzonen sind zu erkennen.

❶ Der Willersinnweiher ist ein 17 ha großer Baggersee im Norden der Industriestadt Ludwigshafen. Der See entstand seit den 1920er Jahren durch die Entnahme von Kies. Wie bei den meisten Seen im Oberrheingraben führten die hohen Nährstoffgehalte des Grundwassers und die intensive Nutzung des Sees zu dessen Eutrophierung. Das Ökosystem veränderte sich sehr stark: z. B. Dominanz von Blaualgen, wenig Zooplankton, Fehlen von Raubfischen als wichtiges Regulativ, Fehlen von Makrophyten (Unterwasserpflanzen). Mitte der 1990er Jahre führten diese Begleiterscheinungen des Nähr-

stoffreichtums zur Bedrohung des Ökosystems; sie beschränkten zudem dessen Nutzung als Freizeitsee. Der Willersinnweiher ist ein offizielles Badegewässer und muß folglich gemäß EU-Badegewässerrichtlinie bestimmte Anforderungen erfüllen (z. B. Sichttiefe von mindestens 1 m während der Badesaison).

Um die Wasserqualität zu verbessern sowie das Ökosystem und dessen Nutzung langfristig zu sichern, wurden die Nährstoffströme im Gewässer untersucht und in Zusammenarbeit mit der Stadt Ludwigshafen ein Konzept zur Verringerung der Nährstoffkonzentrationen erarbeitet und teilweise umgesetzt.

❷ Wichtigstes Ziel der Maßnahmen ist die Verringerung der Phosphorkonzentration im See. Dies limitiert das Algenwachstum und entlastet den Sauerstoffhaushalt. Gleichzeitig wird damit angestrebt, die Dominanz der Blaualgen zugunsten einer vielfältigen Algensukzession zu verändern. Dadurch wird das Zooplankton gestärkt und das Algenwachstum kann auf natürlichem Wege weiter verringert werden.

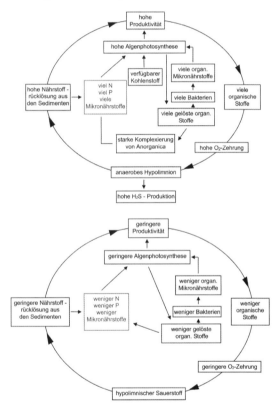

Selbstvertärkende Regelkreise der Eutrophierung (oben) und der Re-Oligotrophierung (unten). Quelle: nach KLAPPER (1992)

Sanierungmaßnahmen:
➢ Überprüfung der Ringkanalisation
➢ Schließung von Abwassergruben
➢ Information der Nutzer
Die Sanierung muß infolge des anthropogenen Umfelds (Industrie/Stadt/Landwirtschaft) unvollständig bleiben. Durch unterstützende Restaurierungsmaßnahmen wird eine rasche Verbesserung forciert.

Restaurierungsmaßnahmen:
➢ Modellierung von Flachuferzonen
➢ angepaßte fischereiliche Bewirtschaftung
Diese zielen auf die Biozönose und rückgekoppelt auf die Nährstoffströme.

❸ Die Betrachtung des Schlüsselnährstoffs Phosphor zeigt infolge der durchgeführten Maßnahmen einen sehr schnellen und beträchtlichen Rückgang der mittleren Konzentrationen. Innerhalb von zwei Jahren wurde der Wechsel von hocheutrophen (sehr nährstoffreichen) zu eutroph-oligotrophen (weniger nährstoffreichen) Bedingungen erreicht. Bis heute trat keine erneute Verschlechterung auf.

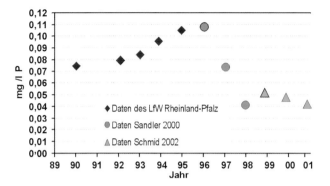

Bis 1996 kann ein stetiger Anstieg der P-Konzentration festgestellt werden (Eutrophierung). Schon ein Jahr nach Beginn der Maßnahmen zeigt sich eine deutliche Absenkung der Trophie.

❹ Diese Veränderung hat weitreichende Konsequenzen für das Leben im See. Sehr offensichtlich ist die Verringerung des Algenwachstums und die damit verknüpfte starke Verbesserung der Sichttiefe.

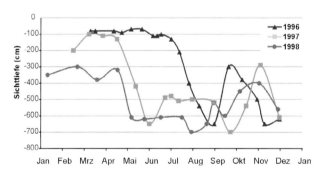

Die Sichttiefe als Indikator für das Algenwachstum. Bereits 1997 zeigt sich die positive Wirkung der Maßnahmen; das sommerliche Klarwasserstadium wird früh erreicht.

Die geringere Produktivität der Algen führt zur Entspannung des Sauerstoffhaushalts, was wiederum eine effektivere Phosphorbindung in den Sedimenten ermöglicht. Wichtiger stabilisierender Faktor ist die Wiederbesiedelung mit Unterwasserpflanzen (Makrophyten). Diese binden Phosphor und treten damit in Konkurrenz zu den Algen. Gleichzeitig wird durch die Makrophyten das Zooplankton gestärkt und Laichmöglichkeiten für anspruchsvollere Raubfische geschaffen. Beides begünstigt die effektive Kontrolle des Algenwachstums.

Infolge der geringeren P-Gehalte kommt es zu einer Verschiebung der Wettbewerbsbedingungen. Die Dominanz von Blaualgen wird zugunsten einer vielfältigen Algensukzession verschoben. Dies wirkt positiv auf das gesamte Ökosystem, da die nun dominierenden Spezies im Gegensatz zu den Blaualgen vom Zooplankton zumeist sehr gut kontrolliert werden können. Durch diese Verbesserung der Nahrungsgrundlage kann sich das Zooplankton in stärkerem Maße vermehren, was zu einer weiteren Verringerung des Phytoplanktons führt.

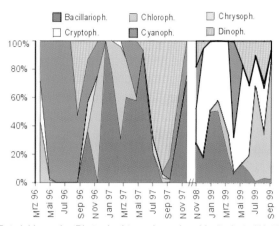

Entwicklung der Phytoplanktonsukzession. Veränderte Wettbewerbsbedingungen bewirken die weitgehende Verdrängung der ungünstigen Blaualgen (Cyanoph.).

❺ Trotz des anthropogenen Umfelds führten die umgesetzten Maßnahmen zu schnellen und tiefgreifenden Reaktionen im Chemismus und der Biozönose des Willersinnweihers. Das Ökosystem konnte dadurch deutlich entlastet werden. Um eine erneute Verschlechterung der Situation zu verhindern, muß ein Nährstoffeintrag aus dem unmittelbaren Umfeld auch zukünftig unterbunden werden. Ebenso ist eine ordnungsgemäße fischereiliche Bewirtschaftung unabdingbare Voraussetzung für eine weitere Entspannung im See (SANDLER 2000).

Wichtige Bedingungen für die schnelle Reaktion waren:
➤ Durchführung von Sanierungsmaßnahmen (Verringerung des Nährstoffeintrags aus der unmittelbaren Umgebung)
➤ geringer Grundwasserzufluß
➤ Hohe Calciumgehalte des Grundwassers, die über die Calcitfällung im See eine dauerhafte Bindung von Phosphor im Sediment ermöglichen
➤ Veränderungen in der Biozönose (vor allem Wiederbesiedelung durch Makrophyten und Verdrängung der Blaualgen). Diese Prozesse bewirken eine wesentliche Stabilisierung.

Das Projekt am Willersinnweiher zeigt deutlich, daß durch gezielte Maßnahmen auch in einer sehr stark anthropogen geprägten Landschaft, wie dem Oberrheingraben, eine Verringerung des Nährstoffgehalts in Seen möglich ist. Mit der Absenkung der Trophie gehen tiefgreifende und sich selbst verstärkende Reaktionen einher, die eine Stabilisierung der Re-Oligotrophierung bewirken. Der Willersinnweiher steht dabei als ein typischer Vertreter von 350 Baggerseen in der Region, von denen viele von einer Eutrophierung bedroht sind. Sie werden vor allem durch die hohen Nährstoffgehalte im Grundwasser geprägt, welche lediglich langfristig beeinflußt werden können. Darüber hinaus verdeutlicht das Projekt, daß durch Maßnahmen, welche die Verringerung des Nährstoffeintrags aus der unmittelbaren Nachbarschaft und die Verbesserung der morphometrischen Situation sowie die Herstellung quasi-natürlicher Nahrungsnetze im Blickfeld haben, ein wesentlicher Beitrag zur Verbesserung und Stabilisierung von Baggerseen im Oberrheingraben geleistet werden kann.

Beate Sandler
beate.sandler@urz.uni-heidelberg.de

Wie und wann ist der Neckar entstanden?

Sowohl aus wissenschaftsgeschichtlichen wie auch aus didaktischen Gründen schreite ich von der jüngeren zur älteren Vergangenheit, von sicheren über wahrscheinliche bis zu vermuteten Vorgängen. Erst in der zweiten Abbildung laufen die Ereignisse in ihrer wahren Folge.

❶ Das System der oberen Donau ist uralt
❷ Das jüngste Stück des Neckars: Rottweil
❸ Das Großereignis von Esslingen-Plochingen
❹ Die Eroberung der Enz und weiterer Flüsse
❺ Ältere Ereignisse
❻ Der Neckar als „jugendlicher Held"

❶ Brigach und Breg gelten als die letzten Reste eines nach Osten oder Südosten gerichteten, parallelen Systems. Schon um 1850 wurde weiter südlich ein dritter Ast erkannt; er war vom Feldberg gekommen und wurde vor 20.000 Jahren zum Hochrhein abgelenkt.

❷ Im 19. und 20. Jh. erschlossen einige Geologen einen weiteren, zur Donau gerichteten Fluß. Heute mündet die vom Schwarzwald kommende Eschach bei Rottweil in den Neckar (sie ist aber der stärkere Quellfluß). QUENSTEDT hat schon 1877 erkannt, daß sie einst hoch über dem heutigen Spaichingen zur Donau geflossen ist. Wann sie zum Neckar übergelaufen ist, schätzten sie zwischen zehn Millionen und 200.000 Jahren vor heute. Diese Spanne läßt sich jetzt auf ein bis zwei Millionen einengen.

❸ Seit ca. 1900 wird das Neckarknie von Plochingen als Erbe der „Ur-Lone" gedeutet. Hoch über dem heutigen Tal flossen ein von Tübingen und ein von Böblingen kommender Ast gemeinsam über den Paß am Bahnhof Amstetten (oberes Ende der Geislinger Steige). Die ungewöhnliche Steilheit wird als „Unreife" des Reliefs (geologisch junges Alter) gedeutet. Wie und bis wann konnte die „Tübinger Lone" Amstetten erreichen? Als Gefälle nehme ich ein Promille an. Das würde einen Fluß dieser Länge dazu zwingen, Kies und Sand vor der Alb aufzuschütten; der Talboden wurde höher und breiter. Nach dem Überlaufen zum Neckar konnte sich dieser in die Tiefe schneiden; er braucht durchschnittlich für 37 m eine Million Jahre. So kommt man auf sechs Millionen Jahre seit dem Ereignis.

❹ Es liegt nahe, daß auch die Enz früher zur Donau geflossen ist. Hoch über dem heutigen Remstal, über Heubach und durch das Wental hat sie die Brenz bei Heidenheim erreicht; diese mündet noch heute in Donauwörth. Die für Plochingen skizzierte Methode ergibt hier zwölf Millionen Jahre vor heute.

❺ Es geht gar nicht anders – es muß ältere, noch kürzere Neckar-Stadien gegeben haben, doch sind die Hinweise dürftig. Das letzte Datum folgt aus den Sedimenten des nördlichen Oberrheingrabens, die vor etwa 25 Mio. Jahren eingesetzt haben. In der zweiten Abbildung sind vier Punkte durch eine Diagonale verbunden, die auffallend gleichmäßig ansteigt, also nicht ganz falsch sein dürfte. Unstetig ist sie nur bei Plochingen, weil der Neckar dort vor sechs Millionen Jahren schlagartig etwa 60 km Länge (etwa ab Horb) hinzugewonnen hat.

In alten, zur Donau gerichteten Talböden haben sich neue, nach Westen fallende Flüsse eingeschnitten: Rems, Fils und Prim (untere Kurve der zweiten Abbildung). Sie sind umso länger geworden, je mehr Zeit seit der Anzapfung verstrichen ist. Diese Kurve sichert die obere ab.

❻ Was mag unseren Fluß befähigt haben, schneller ins Hinterland rückzuschreiten als z. B. die Kinzig oder die Murg? Erstens das beständige Sinken des „Heidelberger Lochs" (ca. 0,6 mm/Jahr). Hier konnte der Neckar in den Kaltzeiten sein Sediment abladen. Ein zweiter tektonischer Faktor kam später hinzu: die Hebung des Stufenlands und der Alb. Zwar konnte die Donau weiterhin erodieren, aber die aus dem heutigen Neckarland kommenden Nebenflüsse konnten sie immer schwerer erreichen.

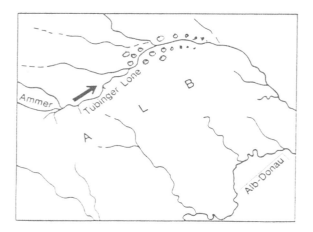

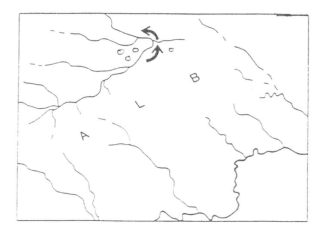

Das Flußsystem vor und nach der Plochinger Ablenkung

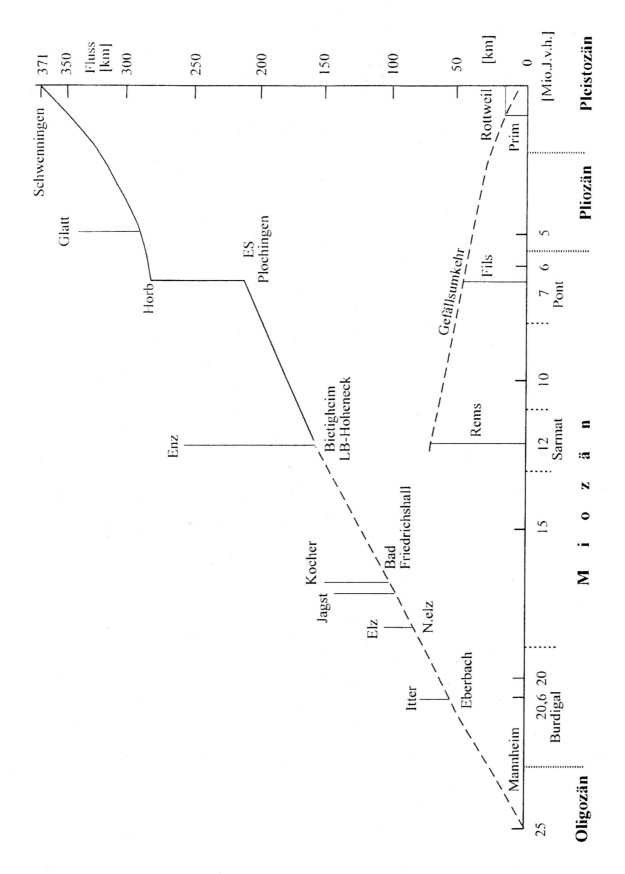

Im Lauf der letzten 25 Mio. Jahre wird der Neckar immer länger. In der Abbildung sind die eroberten Unterläufe des Kochers und der Jagst kurz gezeichnet; deren Mittel- und Oberläufe flossen noch viele Jahre zur Ur-Brenz bei Aalen und damit zur Donau. Die Elz ist ein Rest der auf theoretischem Weg erschlossenen „Elsa", die wesentlich länger gewesen ist; aber die Oberläufe sind zum Main abgelenkt worden.

Fritz Fezer

Untersuchung von Sedimentarchiven zur Rekonstruktion des prähistorischen Landschaftswandels im Hegau, SW-Deutschland

Dieses Forschungsprojekt ist eingebunden in das Schwerpunktprogramm der Deutschen Forschungsgemeinschaft mit dem Titel „Wandel der Geo-Biosphäre während der letzten 15.000 Jahre – Kontinentale Sedimente als Ausdruck sich verändernder Umweltbedingungen". Das Programm soll zeigen, welche Umwelt- und Klimaänderungen in Mitteleuropa während des Holozäns stattgefunden haben und welchen Anteil der Mensch an diesen Veränderungen hatte. Der Hintergrund ist: Man will wissen, in wie weit die gegenwärtigen, teilweise drastischen Umweltveränderungen im Rahmen eines „natürlichen" Wandels liegen und untersucht dazu die Umweltbedingungen vor, zu Beginn und während des ersten umfassenden Eingriffs des Menschen in den Landschaftshaushalt.

Die Untersuchungen im Hegau konzentrieren sich dabei auf die Umweltveränderungen durch die neolithischen (Beginn des Ackerbaus) und bronzezeitlichen Kulturen, die archäologisch am Fuße des Hohentwiel in der Nähe des Bodensees nachgewiesen wurden. Dieser Siedlungsplatz („Hilzingen-Forsterbahn") war im Altneolithikum (Linearbandkeramik), im Mittelneolithikum (Hinkelstein und Großgartach) und in der Späten Bronzezeit (Urnenfelderzeit) belegt. Der Beginn der Linearbandkeramik wird auf 7.250 cal BP datiert und gilt als die älteste neolithische Siedlung im südwestdeutschen Raum.

Bohrung mit der Rammkernsonde als ein Beispiel für die angewendeten Sondierungsverfahren

Im Rahmen des Projekts werden verschiedene Sedimente untersucht, die uns heute, bedingt durch die lange Ablagerungszeit, als Geoarchive zur Rekonstruktion der Klima- und Nutzungsgeschichte die-

nen. Dies sind Hangfußsedimente (Kolluvien) sowie See- und Moorsedimente. Aus diesen Archiven werden mit Hilfe verschiedener Bohrverfahren Sedimentkerne entnommen und analysiert, oder es werden Profile an künstlichen Aufschlüssen (Baggerschürfe) untersucht. Die Kerne werden mit verschiedenen Methoden im Labor für Geomorphologie und Geoökologie des Geographischen Instituts der Universität Heidelberg untersucht. Spezielle Techniken, so z. B. die Altersdatierungen, werden außerhalb durchgeführt.

Die Spuren der ersten Siedler und Ackerbauern in den See- und Moorablagerungen lassen sich durch den Eintrag von Sedimenten aus der Bodenerosion nachweisen. In diesem Fall sind in die karbonatischen und organischen See- und Moorsedimente mineralische Einschwemmungen festzustellen. Diese lassen sich z. B. durch die Glühverlust-Analyse nachweisen. Bei diesem Verfahren werden die Sedimentproben zuerst bei 430° C in einem speziellen Ofen zwei Stunden geglüht, wobei die organische Substanz „verbrannt" wird. Im Anschluß wird erneut bei 925° C etwa vier Stunden geglüht, um die Karbonate zu entfernen. Übrig bleibt die „Restasche", die den mineralischen Anteil der Probe darstellt, der von außen in das Moor eingetragen wurde. In Verbindung mit ^{14}C-Altersdatierungen können die mineralischen Einschwemmungen zeitlich eingeordnet werden.

Die Untersuchungen im Hegau konzentrieren sich auf drei räumliche Schwerpunkte:

❶ Der ehemalige Siedlungsplatz „Hilzingen-Forsterbahn"
❷ Die an den Siedlungsplatz anschließende Tiefenlinie, die durch das Niedermoor „Heiligenwies" führt
❸ Das Niedermoor „Hilzinger Ried" mit seinem Zentrum 500 m südöstlich der Siedlung

Die Lage der Schwerpunkte innerhalb des Untersuchungsgebiets im Hegau

❶ Um 7.250 Jahre vor heute legten die Linearbandkeramiker eine Siedlung an. Die Bodenumlagerungen waren zu dieser Zeit noch so gering, daß sich im Umfeld noch keine Kolluvien bildeten. Erst während der folgenden mittelneolithischen Kulturen Hinkelstein und Großgartach kam es zu verstärkter Bodenerosion auf der Siedlungsfläche und den umliegenden Feldern und entsprechenden Ablagerungen in den Kolluvien. Während der folgenden 3.000 Jahre ist Siedlungstätigkeit weder archäologisch noch sedimentologisch nachweisbar. Erst wieder zur Urnenfelderzeit (späte Bronzezeit) kam es zur Besiedlung mit Ackerbau, der mit Bodenerosion und entsprechenden Ablagerungen verbunden war.

❷ Daß die Bodenbearbeitung zur Zeit der Linearbandkeramik dennoch einen geringfügigen Sedimenttransport zur Folge hatte, ist im Moor Heiligenwies durch den Anstieg des mineralischen Eintrags nachgewiesen. Während Hinkelstein und Großgartach (Mittelneolithikum) trat im Siedlungsbereich verstärkt Bodenerosion auf, und die ersten Kolluvien wurden gebildet. Im Moor „Heiligenwies" macht sich diese Bodenerosion durch einen zunehmenden mineralischen Eintrag bemerkbar. Im Anschluß geht der Eintrag von mineralischem Material zurück. Das wird mit relativer „Siedlungsruhe" und Wiederbewaldung im Jung- und Endneolithikum und in der frühen Bronzezeit erklärt. Erst unmittelbar vor oder mit der urnenfelderzeitlichen Besiedlung wird das Sedimenttransportsystem wieder aktiviert. Im Moor „Heiligenwies" wird dies durch ein von der Seite eingeschüttetes Kolluvium und eine in Durchflußrichtung abgelagerte Kieslage in den Torfen deutlich. Diese Sedimente werden einer fluvialen Aktivitätsphase in der Zeit um 2.716-2.468 cal BP zugeordnet.

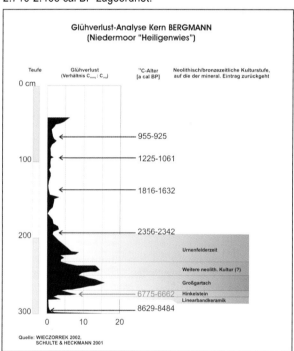

Interpretation der Glühverlust-Analyse des Kerns BERGMANN. Die Peaks entsprechen mineralischen Einschwemmungen ins Moor. Diese können u. a. durch Altersdatierungen zeitlich eingeordnet und den jeweiligen Kulturstufen zugeordnet werden.

❸ Bei Ankunft der linearbandkeramischen Siedler waren Teile des Hilzinger Rieds durch Torfbildung gekennzeichnet, Teile standen noch unter Wasser (ehemaliger Zungenbeckensee des Rheingletschers). Entsprechende Sedimente zur neolithischen Besiedlung sind im „Hilzinger Ried" nicht nachgewiesen. Das geringe Sedimentaufkommen und die Ablagerung in unmittelbarer Umgebung der ehemaligen Siedlung lassen es nicht zu, daß Material bis ins Hilzinger Ried verfrachtet wird. Die Bildung von Kolluvien am Rande des „Hilzinger Rieds"

vollzog sich frühestens gegen Ende des Subboreals zur Urnenfelderzeit. Mit der kolluvialen Überdeckung (etwa 2.700 Jahre vor heute) ist die Torfbildung abgeschlossen. Das Ende des Torfwachstums und die Kolluvienbildung an den Rändern des „Hilzinger Rieds" fällt mit einer ausgeprägten Erosionsphase zusammen, die auch in anderen Sedimentkernen aus dem weiteren Untersuchungsgebiet (hier nicht dargestellt) nachgewiesen wurde. Sie wird zeitlich von etwa 3.050-2.600 bzw. 3.050-2.450 Jahre vor heute eingeordnet und in die Göschener Kaltphase I gestellt.

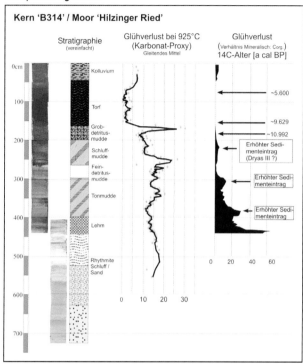

Interpretation der Glühverlust-Analyse des Kerns B314. In diesem Kern können erst zur späten Bronzezeit Einschwemmungen identifiziert werden.

Zum Einfluß des Menschen auf Bodenerosion-Sedimenttransport-Kolluvienbildung läßt sich zusammenfassend festhalten, daß altneolithische Besiedlung und Ackerbau (Linearbandkeramik) nur geringfügige, keinesfalls formverändernde Bodenumlagerungen zur Folge hatten. Im Mittelneolithikum (Hinkelstein, Großgartach) wurden in der unmittelbaren Umgebung der Siedlung lokal Kolluvien gebildet. Erst zur Urnenfelderzeit nehmen Bodenerosion, Sedimenttransport und Kolluvienbildung ein räumlich größeres Ausmaß an und wirken erstmals in einem größeren Umkreis reliefverändernd.

Die Aussage, daß schon die ersten Siedler im Neolithikum die Landschaft in der Umgebung ihrer Rodungsinseln umfassend verändert haben, kann für das Untersuchungsgebiet im Hegau nicht bestätigt werden. Erst mit einsetzender Metallverarbeitung (Bronzezeit) und der Ausweitung von Siedlungs- und Ackerflächen werden offensichtlich sehr viel größere Flächen gerodet, an denen die Bodenerosion angreifen kann. Dies bedeutet ein massives Eingreifen in den Landschaftshaushalt.

Achim Schulte, Heike Wieczorrek und Tobias Heckmann
schulte@geog.fu-berlin.de
heike.wieczorrek@urz.uni-heidelberg.de
tobias.heckmann@geo.uni-goettingen.de

Die Flußterrassen am Inn als Zeugnisse der Klimageschichte Süddeutschlands im Jungquartär

Zwischen seinem Austritt aus der Grundmoränenlandschaft bei Gars (Oberbayern) und seinem Eintritt in den Bereich der Böhmischen Masse bei Schärding südlich Passau durchschneidet der Inn das bayerisch-oberösterreichische Tertiärhügelland. Im Pleistozän und im Übergang zum Holozän hat er dabei durch einen mehrfachen Wechsel seiner Abflußdynamik eine reich gegliederte Terrassenlandschaft geschaffen. Diese ehemaligen Flußbetten des Inns sind bisher nur in zwei begrenzten Ausschnitten (Gars, Ampfing – Mühldorf – Neuötting) genauer beschrieben. Die Terrassen sind nicht durchgehend ausgebildet und kompliziert ineinander geschachtelt. Absolutdatierungen dieser Formen, die im südostbayerischen Raum sicherlich die wichtigsten geomorphologischen Zeugnisse wechselnder Umweltbedingungen im Hochglazial, Spätglazial und frühen Holozän darstellen, liegen bislang nicht vor.

Hieraus ergeben sich für das Forschungsprojekt unter anderem folgende Ziele:

❶ Kartierung und Rekonstruktion der Terrassenniveaus
❷ Klärung der Entstehungsmechanismen der Terrassen
❸ Datierung der jungquartären Terrassen
❹ Schließung der Lücke in der Kenntnis der flußmorphologischen Entwicklung Süddeutschlands

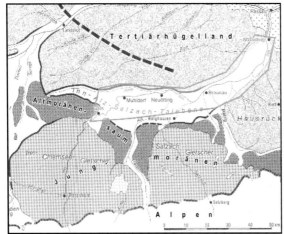

Die Lage des Untersuchungsgebiets innerhalb Süddeutschlands. Quelle: nach LIEDTKE / MARCINEK (1995, 473)

❶ Die einzige bisher für das untere Inntal vorliegende geomorphologische Kartierung großen Maßstabs umfaßt nur einen sehr begrenzten Ausschnitt in der Umgebung von Gars, unmittelbar am Durchbruch des Inns durch den Endmoränen-

wall des würmzeitlichen Inngletschers. Gerade ein zusammenhängendes Bild für das gesamte untere Inntal wäre jedoch aus morphologischer Sicht besonders interessant. Viele neuralgische Punkte mit hohem Aussagewert für die Landschaftsgeschichte sind bisher noch nicht bearbeitet.

Am Zusammenfluß von Alz und Salzach mit dem Inn treffen beispielsweise drei Alpenflüsse aufeinander, die von unterschiedlichen Einzugsgebieten gespeist werden und die während des Abschmelzens der Vorlandgletscher am Ende der letzten Eiszeit möglicherweise bedeutende Unterschiede in ihrem Akkumulations- bzw. Erosionsverhalten aufwiesen. Neben dem unterschiedlich schnellen Abschmelzen der verschiedenen Gletscher, von denen die drei Flüsse gespeist wurden (Inn: Inngletscher, Alz: Chiemseegletscher, Salzach: Salzachgletscher), spielt hier das unterschiedliche Gefälle der drei Flüsse eine große Rolle bei der morphologischen Gestaltung der Talräume. An der Alzmündung weist der Inn beispielsweise nur ein Gefälle von 0,75‰, die Alz jedoch ein Gefälle von 3,25‰ auf. Dies hat zur Folge, daß die Niederterrasse der Alz sich gegen das Gefälle des Inntals über ca. 5 km bis Neuötting nach Westen abdacht und die Terrassenschüttung des Inns gewissermaßen „verdrängt". Weiter ist zu klären, wie sich das Auftreten von Sedimentfallen am Oberlauf der drei Flüsse (Inn: Rosenheimer See, Alz: Chiemsee, Salzach: Tittmoninger See) zu unterschiedlichen Zeitpunkten seit dem Ende des Pleistozäns auf die Bildung und den sedimentologischen Charakter der Terrassen auswirkt.

Beispiel für eine Stufenkante im Bereich der spätpleistozän-frühholozänen Terrassen bei Frauenstein (Oberösterreich)

❷ Am Inn sind unterhalb der Niederterrasse noch zahlreiche weitere Terrassen anzutreffen. Unmittelbar am Endmoränendurchbruch zählt Carl TROLL in einer Arbeit aus den 1920er Jahren bis zu sieben unterschiedliche Niveaus. Flußabwärts verringert sich diese Zahl aufgrund der Verschneidung einzelner Terrassen miteinander. Einen Sonderfall stellt der schon erwähnte Mündungsbereich von Alz und Salzach dar, da diese Flüsse bedeutende eigene Terrassenbildungen ins Inntal „vorschieben". Nach der klassischen Vorstellung sind alle Terrassen unterhalb der Niederterrasse als Erosionsterrassen ausgebildet, die der mäandrierende Inn in mehreren Einschneidungsphasen aus den Schottern der Niederterrasse herausmodellierte. Forschungen an Isar, Donau, Main und Regnitz zeigen jedoch, daß die Bildung von Akkumulationsterrassen nicht auf das Pleistozän beschränkt ist und erst mit der Auelehmsedimentation wieder einsetzt. Vielmehr schnitten sich die Flüsse Süddeutschlands durch den mehrfachen Wechsel der klimatischen Rahmenbedingungen im Übergang des Pleistozäns zum Holozän offenbar mehrmals in ihre Talböden ein und schütteten anschließend wieder neue Terrassenkörper auf. Es wäre ungewöhnlich, wenn der Inn – nach dem

Rhein der wasserreichste Fluß im nördlichen Alpenvorland – wesentlich von diesem Muster abwiche. Falls er dies dennoch tut, ist freilich nach den Gründen dafür zu suchen. Zur Klärung dieser Frage werden unter anderem Protokolle aus dem Bohrarchiv des Bayerischen Geologischen Landesamts herangezogen. Besonders die Erdölprospektion der 1930er Jahre liefert genaue Daten über den oberflächennahen Untergrund und die Tiefenlage der Quartärbasis im Untersuchungsgebiet.

❸ Damit die Terrassen in eine absolute Zeitskala „eingehängt" werden können, ist es notwendig, die Sedimente zu datieren. Hierzu stehen verschiedene Verfahren zur Verfügung. Die klassische Relativstratigraphie erlaubt eine Aussage darüber, ob eine Terrasse älter oder jünger ist als eine andere. Eine absolute zeitliche Einordnung wird so nicht erreicht. Kombiniert mit einer sedimentologisch-bodengeographischen Ansprache ist es jedoch möglich, sich einen ersten Überblick zu verschaffen.

Die Radiokarbonmethode (^{14}C-Datierung) ermöglicht die Altersbestimmung von organischem Material, das in Terrassensedimenten eingelagert ist. Das Problem hierbei ist allerdings, daß die Flußterrassen zur Zeit ihrer Bildung morphodynamisch sehr aktive Räume darstellten. Das bedeutet, daß Kalkschalen (z. B. von Muscheln oder Schnecken) häufig wieder aufgearbeitet wurden und Vegetation sich auch nur bedingt ansiedeln konnte.

Mit der Methode der optisch stimulierten Lumineszenz (OSL) kann gemessen werden, wie lange ein Mineralkorn von Sedimenten bedeckt war, seitdem es zum letzten Mal belichtet wurde. Solange ein Korn von anderen Sedimenten bedeckt ist, so daß kein Tageslicht zu ihm durchdringen kann, verursacht die natürliche Radioaktivität Strahlenschäden im Kristallverband des Minerals. Je länger die Bedeckung andauert, um so größer ist die Schädigung. Die Intensität der Schädigung kann gemessen werden, wenn der Kristall mit Licht einer bestimmten Wellenlänge stimuliert wird. Wird das Mineralkorn nur kurze Zeit dem Tageslicht ausgesetzt (bei modernen OSL-Verfahren genügen an einem Sommertag in Mitteleuropa wenige Sekunden), wird das OSL-Signal auf Null gestellt. Diese Löschung bzw. Zurückstellung der „OSL-Uhr" wird „Bleichung" genannt. Diese Bleichung erfolgt während der Um- oder Ablagerung des Sediments, anschließend beginnt der Aufbau des OSL-Signals von neuem. Bereits ca. 100 Jahre nach Ablagerung ist eine für eine Messung ausreichende Strahlenschädigung in den Kristallen aufgebaut. So kann der Bildungszeitpunkt der am Inn häufig die Schotterterrassen überlagernden feinsedimentreichen Deckschichten direkt bestimmt werden. Das Alter der Deckschichten liefert wiederum ein Mindestalter für die Schotterterrassen selbst. Der große Vorteil der Methode liegt darin, daß die Sedimente direkt datiert werden (im Gegensatz zur Radiokarbonmethode) und daß datierbares Material – benötigt werden Quarz- und Feldspatkörner der Sandfraktion – in der Regel in ausreichender Menge vorhanden ist.

Auch die Auswertung historischer Quellen (Erstbelege für Siedlungen, Flurnamen, historische Karten) sowie archäologische Funde und Befunde (steinzeitliche Faustkeile, Keramik, Metallgeräte, Siedlungsreste) können der zeitlichen Einordnung der Flußterrassen dienen.

❹ Die morphologische Entwicklung der süddeutschen Flüsse spiegelt die wechselnden klimatischen Bedingungen wider, denen dieser Raum seit dem Ende des Pleistozäns ausgesetzt war. Lassen die Daten aus den anderen Gebieten (z. B. Isartal, Donautal) bereits ein gewisses Muster erahnen, in welcher Weise die fluvialen Systeme auf die wechselnden klimatischen Einflüsse reagierten, so ist es eine Aufgabenstellung des Projekts, zu klären, ob der Inn sich in das bestehende Schema einordnen läßt. Sollte dies nicht der Fall sein, stellt sich natürlich die Frage, inwieweit regional oder lokal wirksame Steuerungsmechanismen den überregional wirksamen klimatischen Einfluß überlagern.

Die natürliche Entwicklung der Flußterrassen wurde erst in jüngster Zeit durch menschliche Eingriffe gestoppt (Begradigung, Eindeichung, Bau von Staustufen). So kann auch die Auswertung historischer Karten einen wichtigen Beitrag zur Erforschung der jüngsten morphologischen Vergangenheit des Inntals liefern. Dieser Ausschnitt aus dem Topographischen Atlas des Königreichs Bayern dokumentiert den Charakter des Inns als Wildfluß vor der Begradigung ab 1850.

Holger Megies
holger.megies@urz.uni-heidelberg.de

Historische Klimaforschung und Historische Klimadatenbank Deutschland (HISKLID)

Seit Anfang der 1980er Jahre beschäftigt sich die Arbeitsgruppe mit Fragen der Historischen Klimatologie in Mitteleuropa. Unter „historisch" wird dabei der Zeitraum vor Beginn der amtlichen und standardisierten Instrumentenmessung verstanden, soweit vom Mensch verfaßte Aufzeichnungen vorliegen. Die Fülle der ausgearbeiteten Quellentexte wurde in der Datenbank HISKLID zusammengefaßt. Wesentlicher Bestandteil dieser Datenbank sind deskriptive Wetteraufzeichnungen, Hinweise auf Witterungsextreme, Wettertagebuchaufzeichnungen, aber auch sogenannte Proxydaten, wie Hinweise auf Erntetermine, Vereisungen von Flüssen und Meeresbereichen, Hochwassermarken oder Baumringweiten. Ergänzt werden diese Datentypen durch frühe Instrumentenmeßdaten. Aussagekräftige Datensätze liegen derzeit bis zum Jahr 1000 rückreichend vor. In vielen Fällen sind auch Hinweise auf die Klimafolgen in den Quellen enthalten.

❶ Regionale Schwerpunkte
❷ Datenbank
❸ Ergebnisse

❶ Regionale Schwerpunkte dieser Datenbank sind die Küstenregion (Bremen, Hamburg, Lübeck, Stralsund, Rostock), die Rheinschiene (Frankfurt, Koblenz, Köln, Bonn), der mitteldeutsche Raum (Erfurt, Leipzig, Halle) und vor allem Süddeutschland mit den Archivstandorten Karlsruhe, Stuttgart, Nürnberg, München, Augsburg und Würzburg.

❷ Die Datenbank, in der die Originalzitate bzw. Daten mit einer umfangreichen numerischen Kodierung versehen sind, basiert auf einem Textverarbeitungssystem. Für die weitere inhaltliche Analyse wird auf die Möglichkeiten von SAS (*Statistical Analysis System*, SAS Institute Corp.) zurückgegriffen. Teile der in dieser Datenbank abgelegten Quellentexte haben GLASER / MILITZER (1991) in den „Materialien zur Erforschung früher Umwelten (MEFU 2)" als Arbeitsmaterialien herausgegeben. Eine *Internet-Performance* ist derzeit in Vorbereitung. Alle historischen Daten wurden einer quellenkritischen Bewertung unterzogen.

❸ Die Erkenntnisse zur Klimaentwicklung der letzten 1.000 Jahre machen deutlich, welche Veränderungen in Mitteleuropa auch ohne Eingriff des Menschen in das Klimasystem aufgetreten sind. Vor dem Hintergrund der Diskussion um anthropogen verändertes Klima – ohne Zweifel eine der Leitfragen unserer Zeit – erhalten diese Befunde besonderes Gewicht.

Die Veränderlichkeit ist das Wesensmerkmal des mitteleuropäischen Klimas. Es gibt keinen als ‚normal' zu bezeichnenden Zeitabschnitt, der nicht auch ein zu viel oder zu wenig beinhaltet oder in dem nicht auch die unterschiedlichsten Extreme aufgetreten wären. In den letzten 1.000 Jahren konnten Ver-

änderungen der Jahresmitteltemperatur von bis zu 1,5° C und der Jahresniederschlagssumme von bis zu 150 mm nachgewiesen werden. Neben längerfristigen Phasen, die 30 bis 150 Jahre andauerten, sind auch schnelle Änderungen aufgetreten. Einzelne Jahre wichen zum Teil erheblich vom mittelfristigen Verlauf ab.

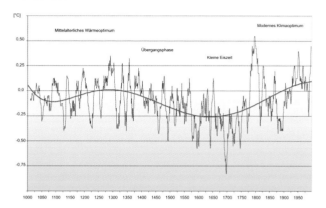

Entwicklung der Jahresmitteltemperatur in Mitteleuropa seit dem Jahr 1000

In dieser mittelfristigen Entwicklung gab es Abschnitte, die man aufgrund der positiven Temperaturentwicklung als Mittelalterliches Wärmeoptimum bezeichnet. Nach einer Übergangsphase mit insgesamt schnelleren und vor allem kürzeren Umschlägen, die dem Klimagang der letzten 150 Jahre nicht unähnlich ist, folgte die Kleine Eiszeit, die durch zunächst kühlere Sommer und nach und nach kälter werdende Winterabschnitte charakterisiert ist. Die nachhaltigsten Veränderungen traten aber in den Übergangsjahreszeiten auf. So sanken die Temperaturen sowohl im Herbst als auch im Frühling deutlich.

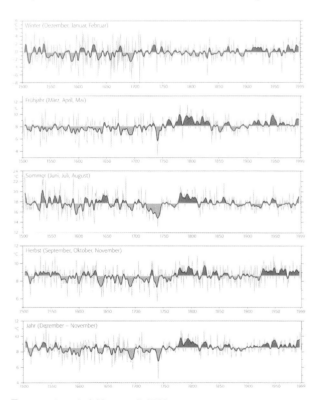

Temperaturentwicklung seit 1500

Die markantesten Abkühlungsphasen wiederum gab es im Maunder-Minimum, Abkühlungsphasen, die das Bild der Kleinen Eiszeit entscheidend mit prägten. In allen herangezogenen Parametern, beispielsweise der Eisbedeckung der Ostsee, kommt dies zum Ausdruck.

Nach der Kleinen Eiszeit folgte um 1800 eine kurze und rasche Erwärmung. Auffällig ist, daß zwischen 1700 und 1800 eine große Temperaturspanne durchschritten wurde. In diesem Zeitabschnitt trat sowohl das Maximum als auch das Minimum der letzten 1.000 Jahre auf. In der Entwicklung der letzten 150 Jahre, die als ‚modernes Klimaoptimum' bezeichnet werden kann, muß vor allem die winterliche Erwärmung hervorgehoben werden, die in der Zusammenschau der letzten 1.000 Jahre in dieser Form einmalig ist und wohl auf die anthropogene Erhöhung des Treibhauseffekts zurückzuführen ist. Das Moderne Klimaoptimum liegt in seiner Temperaturbilanz noch über dem Niveau des ‚Mittelalterlichen Wärmeoptimums'.

In einzelnen Jahren gab es immer wieder Extreme, ja ganze Folgen von außergewöhnlichen Jahren, die man ohne Kenntnis der Klimaentwicklung der letzten 1.000 Jahren vorschnell als neuartig einstufen würde. Einige der historischen Extreme übertreffen ihre modernen Vergleichsfälle erheblich, beispielsweise die Trockenheit des Jahres 1540, die Kälte des Jahres 1740 oder die Hochwasserkatastrophen von 1342 und 1784.

Hochwassermarken in Wertheim bei der Taubermündung in den Main

Charakteristische Jahrfolgen, wie zwischen 1530 und 1540, mit einer völlig gegensätzlichen Ausgestaltung der Sommer-

witterung, die zu einer ausgeprägten Sägezahnsignatur in den meisten Dendroreihen Mitteleuropas geführt haben, können als historische Einmaligkeiten angesehen werden. Ein derartiges Muster hat es in der Zeit der instrumententechnischen Beobachtung seit Mitte des 19. Jhs. nicht mehr gegeben.

Wie sieht es mit den Klimakatastrophen aus? Analysiert man die Datenbestände zu den Klimakatastrophen, dann muß davon ausgegangen werden, daß diese ein ständiger Begleiter des Menschen waren. Die Zeitreihen zu Gewittern, Stürmen und Hochwässern lassen deutlich Zu- und Abnahmen erkennen. Beispielsweise nahmen in der Kleinen Eiszeit die Hochwässer in allen Flußgebieten Mitteleuropas markant zu. Dabei ergeben sich für die untersuchten Flußgebiete Main, Weser, Mittelelbe, Mittelrhein und Oder ähnliche Strukturen, eine eigene Prägung weist hingegen die Donau auf.

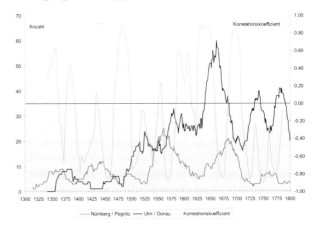

Vergleich der Hochwasserreihen von Ulm/Donau und Nürnberg/Pegnitz von 1300 bis 1800

Neben diesen mittelfristigen Entwicklungen, die im übrigen keine zyklischen Abfolgen erkennen lassen, konnte in den Einzeljahrbeschreibungen auch auf die Mensch-Umwelt-Beziehung hingewiesen werden. Immer wieder traten die folgenschweren Kausalketten kalter und verregneter Sommer, schlechter Ernten, Hungersnöte, Krankheit und schließlich dem Tod auf.

Mit den vorgelegten Ergebnissen konnte eine Kenntnislücke geschlossen werden, die nicht nur aus klimatischer Sicht, sondern auch für das gesamte Umweltverständnis und viele andere Fachbereiche wie die Geschichtswissenschaften von großem Interesse ist.

Gefördert wurde das Vorhaben im Rahmen des Paläoklimaprogramms der Bundesregierung durch das BMBF (ehem. BMFT – Bundesministerium für Forschung und Technologie), durch die DFG (Deutsche Forschungsgemeinschaft), den Universitätsbund der Universität Würzburg sowie das BayFORKLIM (Bayerisches Forschungsklimaprogramm der Bayerischen Staatsregierung).

Rüdiger Glaser
ruediger.glaser@urz.uni-heidelberg.de

Einsatz von Fernerkundungsverfahren zum Umweltmonitoring in der Colbitz-Letzlinger Heide

Seit längerer Zeit untersucht eine Arbeitsgruppe am Geographischen Institut Nutzungsänderungen (*change detection*) und Umweltbelastungen in der Colbitz-Letzlinger Heide mit Methoden der Fernerkundung.

Die in Sachsen-Anhalt gelegene Colbitz-Letzlinger Heide war in den letzten 150 Jahren mehrfach grundlegenden politisch-strategisch motivierten Wandlungen unterworfen. Als Forst- und Jagdgebiet absolutistischer Prägung, militärisches Erprobungsgelände im Dritten Reich, großflächiges Panzerübungsgelände der Roten Armee in der DDR und nun Truppenübungsplatz „Altmark" der Bundeswehr spiegelt sie unterschiedliche Systeme und Nutzungen wider.

❶ Militärische Nutzung der Colbitz-Letzlinger Heide
❷ Zeitlicher Verlauf der Nutzung
❸ Ergebnisse

Kosmos KFA 1000 Aufnahme 4.6.1985

❶ Die besondere Brisanz dieses Geländes liegt u. a. darin, daß über einem wichtigen Grundwasserkörper seit 1935 ein militärisches Erprobungs- und Übungsgelände besteht. Das Problem der Altlasten, das sich aus einer fast 70 Jahre andauernden militärischen Nutzung ergibt, überhöht diese einzigartige Konstellation noch weiter. Derartige Situationen werden in der amerikanischen Literatur als „hazardscapes" bezeichnet.

Im Zuge der Wiedervereinigung wurden neue gesellschafts-politische Leitbilder propagiert, die zu sich wechselseitig ausschließenden Nutzungsabsichten führten. In dieser Transformationsphase setzte sich schließlich die Bundeswehr durch, mußte allerdings Kompromisse eingehen, beispielsweise Flächenabgaben in den hydrologisch sensiblen Bereichen zustimmen.

Zudem ist die Bundeswehr durch die rechtlichen Vorgaben zur Umsetzung eines dezidierten Flächenmanagements unter Beachtung ökologischer Parameter und Respektierung anderer Rechtspositionen angehalten.

Von besonderem Interesse ist dabei, welche Veränderungen sich mit den objektiven Fernerkundungsverfahren festhalten lassen und wie diese mit den rechtlichen Vorgaben und anderen Nutzungsinteressen übereinstimmen.

❷ 1935 wurde in der Heide die Versuchsanlage Hillersleben der Deutschen Wehrmacht eingerichtet. Flächendeckend war vor allem die Einrichtung der baulichen Anlagen am Kopf der Schießbahn und das Schußfeld. Letzteres hatte eine freigeholzte Ausdehnung von 750 m x 30 km und eine beiderseitige Sicherheitszone von maximal 4 km Breite. Der Betrieb der Anlage war gekennzeichnet durch wenig Fahrübungen, aber eine intensive Nutzung mit ca. 200.000 Schuß Großmunition pro Jahr, die an Ort und Stelle produziert wurde, und panzerbrechenden Waffen. Es entstanden weiterhin eine Reihe von dezentralen, teilweise großflächigen Einzelanlagen, u. a. bis zu 15 m tiefe Fortifikationen. Am Ende des Kriegs, 1945, war die Anlage weitgehend unzerstört. Erst nach der Übernahme durch die Rote Armee kam es zu Sprengungen.

Zwischen 1945 und 1994 wurde das Gelände durch die Westgruppen der sowjetischen Streitkräfte, später dann durch die russische Armee um ein Vielfaches ausgedehnt und als Übungsgelände genutzt. Im weiteren Verlauf fanden zahlreiche Infanterie-, Artillerie- und Panzerübungen statt. Es ist von ein bis drei Großmanövern pro Jahr auszugehen, wobei die Sammlung der Truppen teilweise außerhalb des Platzes, die eigentliche Übung auf dem Platz stattfand. In dieser zweiten Phase erfolgte die bereits erwähnte Nutzung der Gesamtfläche des Platzes und bestimmter benachbarter Zonen.

Übungsbedingt ergaben sich intensive Fahrbewegungen auf 2.000 km Fahrtrassen. Dazwischen existierten aber Refugien für Vogelwelt und Schalenwild.

Blick auf den Nordteil 1991, intensive Beanspruchung der Landschaft durch den Übungsbetrieb

Für die Frage der Altlasten nicht unerheblich war dabei der lasche Umgang mit Stoffen (Treibstoff etc.). Umweltschutz war nicht thematisiert und praktiziert worden. In diesem Zusammenhang muß auch auf die zahlreichen Brände (bis maximal 105 pro Jahr) hingewiesen werden, die zur Offenhaltung beitrugen. Ferner stationierte die sowjetische Armee in Colbitz eine taktische SCUD-B Einheit, die sowohl für nukleare als auch chemische Manöver ausgebildet wurde.

Der Abzug der russischen Truppen erfolgte am 21.07.1994. Nach dem Abzug wurden Reste des Nervengases TABUN gefunden. Es kann für die Frage der „Hazardscapes" zunächst davon ausgegangen werden, daß der überwiegende Anteil der Altlasten aus dieser Phase stammt.

1994 übernahm die Bundeswehr das Gelände von der Russischen Armee und begann trotz unklarer rechtlicher Positionen rasch mit dem Umbau des Geländes in den Truppenübungsplatz Altmark mit einem Gefechtübungszentrum. Mit der Übernahme begann auch die Phase der offenen Nutzungskonflikte, in der sich verschiedene Fachbehörden (u. a. Forst und Wasserbau), die politischen Parteien, Bürgerinitiativen, Kommunen sowie Bund und Land mit ihren Vorstellungen durchzusetzen versuchten.

1997 wurde ein Kompromiß gefunden, der vorsah, daß die Bundeswehr den überwiegenden Teil als Übungsgelände nutzen kann. Als Kompromiß sollen bis 2006 einige Teile im Südosten abgegeben werden. Die Entsorgung der Altlasten sowie die Umgestaltung in einen modernen Übungsplatz ist seither in vollem Gange. Im Zusammenhang mit der Neugestaltung standen neben den militärischen Notwendigkeiten auch Fragen der Umweltqualität und des Umweltmanagements im Vordergrund.

Schematische Darstellung von Systemkomponenten und Steuerungsabläufen

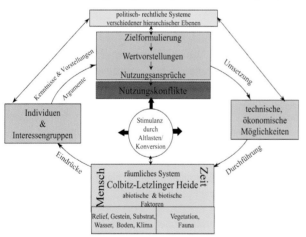

❸ Der Vergleich der beiden jüngsten Phasen zeigt als auffälligstes Merkmal großflächigen Baumaufwuchs im Südteil. Dabei handelt es sich vorrangig um natürliche Sukzessionen, in der bestandsbildend Birken aufkamen, unter die aber aus militärischen Übungsnotwendigkeiten Nadelgehölze gepflanzt werden. Des weiteren wurde das ehemalige Kasernengelände am südlichen Ende vollständig abgerissen, das Gefechtübungszentrum befindet sich nun in der südwestlichen Ecke. Am westlichen mittleren Teil des Geländes sind ebenfalls großflächige Wiederbewaldungen auszumachen. Der Komplex zählt zu einem als Schutzzone ausgewiesenen Bereich, in dem sich mehrere Sölle befinden. Auf den im Wald gelegenen, hellblau dargestellten, rechteckigen Flächen werden derzeit Gebäude für das endgültige Gefechtübungszentrum errichtet.

Weitere Sukzessionsflächen befinden sich im Nordosten und im Ostteil des Geländes, wo die eigentliche Übungsfläche in der Aufnahme von 1999 linienhaft von den umgebenden Waldflächen abgegrenzt ist. In der älteren Aufnahme war dieser Übergang weniger trennscharf. Auffällig ist auch der Rückgang der intensiven Fahrbewegungen auf dem Gelände. Diese finden teilweise in einer Box im östlichen Teil statt. Es handelt sich um den von Altlasten (Munition) beräumten Teil. Der gesamte Nordteil weist bis auf wenige Fahrstraßen keine großen Spuren von Fahrbewegungen mehr auf. Aus diesem Grunde sind die Heideflächen bereits weitgehend verbuscht. Nach der Munitionsberäumung wird auf diesen Flächen aber wieder geübt werden.

Ableitung der Landnutzung als Beispiel für ein Ergebnis der Fernerkundung

Keine strukturellen Unterschiede lassen sich aber innerhalb und außerhalb der Wasserschutzzonen erkennen.

Damit kann mit Hilfe der Fernerkundungsdaten festgestellt werden, daß wesentliche Elemente der neuen Raumnutzung bereits in Umsetzung begriffen sind. Dies gilt für die an der Oberfläche sichtbaren strukturellen Veränderungen, besonders die Frage der Vegetationsentwicklung, der Fahrbewegungen, nicht aber für die latente Problematik der Altlasten und Bodenkontaminationen, die sich mit diesem System nicht erfassen lassen.

Rüdiger Glaser
ruediger.glaser@urz.uni-heidelberg.de
Kai-W. Boldt
kai.boldt@urz.uni-heidelberg.de

Das Zentrale-Orte-Konzept heute

Vorrangiges Ziel der Raumordnung in Deutschland ist es, durch die bestmögliche Verteilung von Infrastruktureinrichtungen eine optimale Raumstruktur und -entwicklung zu erzielen. Im Bau- und Raumordnungsgesetz ist die Herstellung gleichwertiger Lebensverhältnisse in allen Teilräumen Deutschlands als wesentliche Aufgabe festgeschrieben. Zu den räumlichen Ordnungskriterien zählen in erster Linie die sogenannten „Zentralen Orte". Die raumordnungspolitische Bedeutung der Zentralen Orte unterliegt jedoch seit Jahren einem tiefgreifenden Wandel.

❶ Die Theorie der Zentralen Orte von W. CHRISTALLER (1933)
❷ Zentrale Orte - Instrument der Raumplanung
❸ Das neue Zentrale-Orte-Konzept

❶ Bereits 1933 entwickelte Walter CHRISTALLER die Theorie der zentralen Orte. Mit seiner Dissertation über „Die zentralen Orte in Süddeutschland" verfolgte er das Ziel, Gesetzmäßigkeiten über Größe, Anzahl und räumliche Verteilung von Siedlungen mit „städtischen" (d. h. zentralörtlichen) Funktionen abzuleiten. Die Zentrale-Orte-Theorie machte W. CHRISTALLER zu einem der bis heute international bekanntesten deutschen Geographen, und das Zentrale-Orte-Konzept ist nahezu weltweit zu einem tragenden Element der Raumordnung und Regionalplanung geworden. In Deutschland fand das aus der Theorie abgeleitete Zentrale-Orte-Modell in den 1960er und 1970er Jahren Eingang in die Raumordnung, Landes- und Regionalplanung.

❷ Als Zentrale Orte werden Gemeinden bezeichnet, die aufgrund ihrer Ausstattung mit privaten und öffentlichen Dienstleistungen (insbesondere Handel, Bildung, Verwaltung) eine Versorgungsfunktion für sich und ihr Umland übernehmen. Die Förderung von Zentralen Orten zählt zu den wichtigsten Zielen und Instrumenten der Landes- und Regionalplanung. Bundesweit gibt es heute eine vierfache Stufung und Kennzeichnung in Ober-, Mittel-, Unter- und Kleinzentren bzw. Grundzentrum.

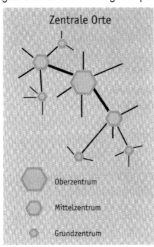

Zentrale Orte

Oberzentrum

Mittelzentrum

Grundzentrum

❸ In den 1980er Jahren kommt es in den meisten Bundesländern zu einem allmählichen Aufweichen des Zentrale-Orte-Systems. Insbesondere entstanden sekundäre Standortcluster des großflächigen Einzelhandels, die nicht mit dem Zentrale-Orte-System vereinbar sind (z. B. Angebote von höherrangigen Gütern und Dienstleistungen in niederrangigen Gemeinden).

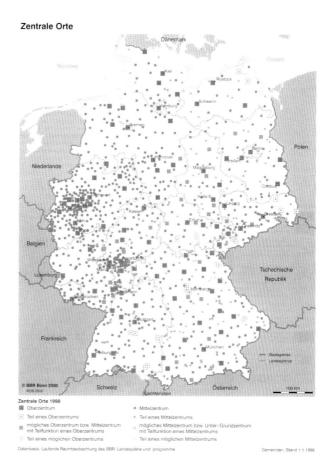

Zentrale Orte

Zentrale Orte 1998
■ Oberzentrum
▫ Teil eines Oberzentrums
▫ mögliches Oberzentrum bzw. Mittelzentrum mit Teilfunktion eines Oberzentrums
▫ Teil eines möglichen Oberzentrums
• Mittelzentrum
▫ Teil eines Mittelzentrums
▫ mögliches Mittelzentrum bzw. Unter-/Grundzentrum mit Teilfunktion eines Mittelzentrums
▫ Teil eines möglichen Mittelzentrums
Datenbasis: Laufende Raumbeobachtung des BBR, Landespläne und -programme   Gemeinden, Stand 1.1.1998

Seit Anfang der 1990er Jahre werden in der Raumplanung vor allem zwei Phänomene diskutiert: a) die sekundären Standortmuster in Form von zwischenstädtischen Einzelhandelsclustern auf der „grünen Wiese", die bereits seit den 1980er Jahren bestehen oder neuerdings in Form von *Factory Outlet Center* (FOC) entstehen (sollen) und b) die regionalen Zentrenkonzepte (Städtenetze). Gleichzeitig haben sich im Zuge der Globalisierung der Wirtschaft auch in Deutschland einige höchstrangige Zentren (*metropolitan regions*) herausgebildet, die in ihrer zentralörtlichen Bedeutung nicht mehr mit anderen Zentren höchster Zentralität in Deutschland, sondern mit Zentren in Europa und weltweit konkurrieren.

Aufgrund dieser Entwicklungen wird das Zentrale-Orte-System heute von vielen Planern als nur noch mitgeschleppter „Ladenhüter" (DEITERS 1996), als überkommenes Instrument der traditionellen Raumordnung mit ihrem interventionistischen Steuerungsverständnis und ihren zentralistischen und praxisfernen Vorstellungen empfunden. Das Zentrale-Orte-Konzept verletzt die in planungstheoretischen Diskursen derzeit herrschenden Positionen gleich in mehrfacher Hinsicht:

➤ Es steht in seinem normativen Anspruch der heute mehrheitlich geforderten diskursiven, auf Aushandlungsprozessen beruhenden *Planungsphilosophie* entgegen.
➤ Es läuft in seiner flächendeckenden räumlichen Konzeption der zunehmend inkrementalistischen, auf akuten Bedarf reagierenden *Planungspraxis* zuwider.
➤ Es provoziert eine auf postmoderne Dekonstruktions-Diskurse und kreative Umsetzungen orientierte *wissenschaftstheoretische Diskussion*.

Auf der anderen Seite sind kooperativen Aushandlungsprozessen, inkrementalistischen Eingriffen und postmoderner Flexibilität durch das Grundgesetz (Art. 20/1) sowie durch das neue ROG (§ 1 und 2) und die dort fixierten Gebote (u. a. zur Nachhaltigkeit) Grenzen gesetzt und zugleich Leitlinien, Leitprinzipien definiert. Auch kooperative Steuerungsformen benötigen Leitmotive, Leitbilder räumlicher Ordnung, die sich aus dem herrschenden gesellschaftlichen Wertesystem speisen. Aus diesem Grund hat die *Akademie für Raumforschung und Landesplanung* (Hannover) eine interdisziplinär zusammengesetzte Arbeitsgruppe eingesetzt, die für die Ministerkonferenz für Raumordnung Leitlinien einer zeitgemäßen Anwendung von Zentrale-Orte-Prinzipien in der Raumordnung zu erarbeiten hatte. Das an Prinzipien der Nachhaltigkeit orientierte „Neue Zentrale-Orte-Konzept" (ARL 2002) fühlt sich vor allem folgenden Grundsätzen verpflichtet:

Sozial: gerechte Verteilung von Ressourcen

Der Gesetzesauftrag zur Herstellung gleichwertiger Lebensverhältnisse in den Teilräumen des Staatsgebiets verpflichtet den Staat zum Eingreifen bei Marktversagen. Im ländlichen Raum hat das Zentrale-Orte-Konzept bereits in der Vergangenheit dazu beigetragen, großräumige Verödungsprozesse und damit eine massive selektive Abwanderung zu verhindern. Für ländliche Räume wie z. B. das dünn besiedelte Nordostdeutschland (Mecklenburg-Vorpommern, Brandenburg) bleibt es eine politische Aufgabe, ein Mindestmaß an Versorgungsgerechtigkeit sicherzustellen, also eine Art „Auffangnetz" gegenüber einer marktgesteuerten Siedlungsentwicklung zu errichten (vgl. MENSING 1999a; 1999b).

Ökonomisch: effiziente Nutzung von Ressourcen

Mit der wachsenden Internationalisierung der Wirtschaft tritt zur Sicherung der materiellen Lebensgrundlagen der Aspekt der Wettbewerbsfähigkeit der Volkswirtschaften und ihrer Regionen zunehmend in den Vordergrund. Wettbewerbsfähigkeit ist eng gekoppelt an Innovationsfähigkeit, und Innovationsfähigkeit wiederum ist wesentlich beeinflußt durch räumliche Nähe von privaten und öffentlichen Forschungs- und Bildungseinrichtungen, von räumlicher Konzentration spezifischer Informations- und Kommunikationsinfrastruktur, von zeitsparenden Verkehrsinfrastrukturen und räumlicher Konzentration verschiedenster Kultureinrichtungen. Das Zentrale-Orte-Konzept mit seinen kompakten Siedlungsstrukturen nutzt technisch-materielle wie humane Infrastruktureinrichtungen effizient und unterstützt damit das Nachhaltigkeitsgebot. So vermeidet z. B.

eine am Zentrale-Orte-System orientierte Standortentwicklung von Einzelhandel und Dienstleistungen in der Tendenz zusätzliche externe Kosten der „grünen Wiese", dient damit einer gesamtwirtschaftlich gesehen ökonomischen Ausnutzung bestehender Infrastruktureinrichtungen und -investitionen und reduziert so den Anteil der sogenannten versunkenen Kosten (*sunken costs*). Für den öffentlichen Bereich besitzen zentralörtliche Konzepte bei der Restrukturierung von öffentlichen Einrichtungen, vor allem beim anstehenden Rückbau von Infrastruktur in einzelnen Bundesländern, eine wichtige Rolle, um absehbare Versorgungsdefizite (u. a. im Bereich Bildung und Gesundheit) wenigstens zu minimieren.

Ökologisch: Begrenzung des Verbrauchs von Ressourcen

Neben dem ökonomischen Einsatz finanzieller Ressourcen dient eine Orientierung am Zentrale-Orte-Konzept auch der sparsamen Nutzung von Flächenressourcen und trägt insofern zur Sicherung der natürlichen Lebensgrundlagen bei. Staatliche Instrumente zur Steuerung sparsamen Umgangs mit Ressourcen wären u. a. Definitionen von Eigentumsrechten, kommunaler Finanzausgleich und steuerliche Instrumente. Die ökologische Funktion des Zentrale-Orte-Konzepts wird im Verkehrsbereich besonders deutlich. Das Konzept stellt das idealtypische Modell einer an Verkehrsvermeidung (bzw. Verkehrsminimierung) orientierten Siedlungsentwicklung dar (GÜSSEFELDT 1997). Aus der Zentrale-Orte-Theorie läßt sich die Schlußfolgerung ableiten, daß als Leitlinie für eine „nachhaltige" Siedlungsentwicklung keineswegs eine einfache städtebauliche Verdichtung und Konzentration ausreicht, sondern daß die Struktur ganzer Siedlungssysteme auf das Ziel der Verkehrsvermeidung auszurichten ist.

Für das Leitbild einer nachhaltigen Entwicklung bietet das Zentrale-Orte-Konzept einen gut geeigneten räumlichen Orientierungsrahmen, da es in den Handlungsfeldern Siedlungsstruktur, Verkehr, Versorgung und teilweise auch gewerbliche Wirtschaft „Leitplanken" vorgibt, an denen sich Planungspraxis und inkrementalistische Eingriffe ausrichten können, d. h. es liefert Ziele und Festlegungen, an denen sich das Handeln der für die Raumentwicklung verantwortlichen Akteure perspektivisch orientieren kann. Solche Setzungen sind zur Moderation und Bewertung der „pragmatischen" planerischen Eingriffe ebenso notwendig, wie sie für eine gerechte Verteilung zunehmend knapper werdender Fördermittel im Rahmen des kommunalen Finanzausgleichs benötigt werden (SCHELPMEIER 1998). Ferner ergeben sich aus dem Zentrale-Orte-Konzept Ansatzpunkte einer am Konzentrationsprinzip orientierten Regionalpolitik. Schließlich ist auch die „befriedende" Funktion des Zentrale-Orte-Systems im interkommunalen Wettbewerb nicht zu unterschätzen: Das Zentrale-Orte-Konzept ist transparent und nachvollziehbar, ermöglicht einen „unaufgeregten" Diskurs und eignet sich zum ‚framing' in diskursiven Planungsprozessen.

Hans Gebhardt
Hans.Gebhardt@urz.uni-heidelberg.de
Klaus Sachs
Klaus.Sachs@urz.uni-heidelberg.de

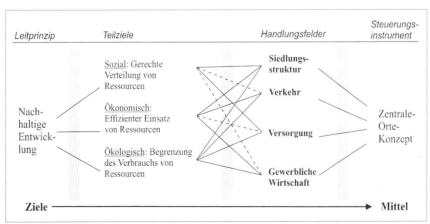

Das Zentrale-Orte-Konzept als Mittler zur Umsetzung raumordnerischer Ziele

Neues Leben auf alten Flächen – Konversion militärischer Areale und Stadtentwicklung

Mit dem Ende des Ost-West-Konflikts haben die ausländischen Stationierungsstreitkräfte (B, CAN, F, GB, NL) sowie die ehemals sowjetischen Streitkräfte in der vormaligen DDR damit begonnen, große Teile ihrer Truppen aus Deutschland abzuziehen. Gleichzeitig reduziert auch die Bundeswehr ihre Truppenstärke. Der Abzug des Militärs führt dazu, daß zahlreichen Kommunen seit Anfang der 1990er Jahre große Flächenreserven zur Verfügung stehen, die einer zivilen Nutzung zugeführt werden können. Welche Impulse von ehemaligen Militärflächen für eine sozial und ökologisch verträgliche Stadterneuerung ausgehen bzw. ausgehen können (SACHS / PEZ 2002), wurde in einem von der DFG geförderten Forschungsprojekt 1998 bis 2000 an ausgewählten Kommunen in Ost- und Westdeutschland vom Autor untersucht. Kernthemen des Projekts waren eine systematische Analyse der Bedeutung der medialen Berichterstattung und des akteursbezogenen Handelns im Konversionsprozeß sowie Untersuchungen zu den Auswirkungen, insbesondere zur Bewertung und Akzeptanz, von Konversionsmaßnahmen.

❶ Konversion und Stadtentwicklung
❷ Konversion – Medien und Akteure
❸ Konversion – Bewertung und Akzeptanz

❶ Der seit Beginn der 1990er Jahre in Deutschland ablaufende Konversionsprozeß stellt die (vorläufig) letzte Phase einer seit mehreren Jahrhunderten durch das Militär beeinflußten Stadtentwicklung dar. Läßt man die planmäßig angelegten Quartiere zur Unterbringung römischer Soldaten sowie die vorneuzeitlichen (Aus-)Bauten von Fortifikationsanlagen in Festungsstädten außer Betracht, ist ein Einfluß des Militärs auf die Stadtstruktur und -entwicklung vor allem seit dem Absolutismus festzustellen.

Die seit dem 16./17. Jh. beginnende Formierung Stehender Heere führte zu einer Abkehr vom temporären Bürgerquartier in Kriegszeiten, mit der Folge, daß zur dauerhaften Unterbringung und Schulung der Soldaten (d. h. in Kriegs- *und* Friedenszeiten) eigene Kasernen, Exerzier- und Übungsplätze etc. eingerichtet werden mußten. Mit der fortschreitenden technischen Entwicklung und der Vergrößerung des Personalbestands, vor allem in Phasen der Aufrüstung, erhöhte sich der Flächenbedarf des Militärs kontinuierlich.

Der fortschreitenden Technisierung und personellen Vergrößerung des Militärs folgend, wurden bereits im Zuge der Militarisierung im Kaiserreich zahlreiche Städte, häufig auf eigenes Bestreben, zu Garnisonsstädten ausgebaut. Kasernenbauten, seit dem 19. Jh. meist in sehr massiver Bauweise errichtet, wurden zum festen Bestandteil des Stadtbilds. Im Laufe des 20. Jhs. wurden sie durch neue militärische Anlagen ergänzt, die jedoch nur noch selten in der Stadt, sondern meist in Stadtrandlage oder außerhalb der Stadt errichtet wurden, da nur dort entsprechende Flächenpotentiale vorhanden waren. Industrialisierung, Motorisierung und das anhaltende Städtewachstum führten dazu, daß zahlreiche militärische Einrichtungen heute wieder innerhalb geschlossener Siedlungsbereiche liegen, wo sie für die Stadtentwicklungsplanung häufig ein Hindernis darstellen.

Die Konversionsliegenschaften der alliierten Stationierungsstreitkräfte in Deutschland konzentrieren sich vor allem auf die östlichen Bundesländer, besonders betroffen ist Brandenburg. In den westlichen Bundesländern gibt es Konversionsflächen vor allem in Rheinland-Pfalz, Bayern, Baden-Württemberg und Nordrhein-Westfalen. Hinzu kommen aufgegebene Liegenschaften der Bundeswehr, die in der Karte nicht aufgenommen sind.

Kasernenbauten in Halle/Saale. Quelle: Ausstellung „Halle - eine preußische Garnisonsstadt". Stadtmuseum Halle/Saale, 14.12.2001-31.03.2002

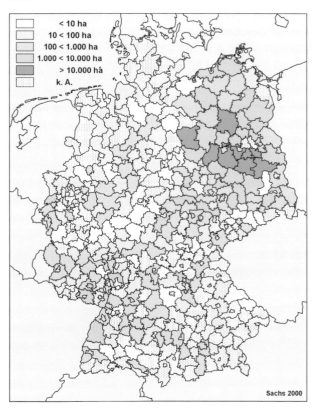

Konversionsflächen der alliierten Stationierungsstreitkräfte in Deutschland (Stand: 31.12.1996). Datengrundlage: verschiedene Quellen

Die Konversion militärischer Liegenschaften ist ein Spezialfall des Flächenrecyclings, d. h. man kann auf Erfahrungen zurückgreifen, die man bei der Umnutzung gewerblicher und industrieller Brachflächen gewonnen hat. Die militärische Zweckbestimmung führt jedoch zu einer Reihe von Unterschieden. Aufgrund der militärisch notwendigen Geheimhaltung liegen z. B. verläßliche Informationen zur Größe und Beschaffenheit einer Liegenschaft in der Regel erst nach Abzug des Militärs vor. Ein kompliziertes Freigabeverfahren verzögert zusätzlich die Schaffung von Bau- und Planungsrecht für die im Flächennutzungsplan als ‚Sonderflächen' ausgewiesenen Areale. Anschließend müssen bedarfsgerechte Nutzungskonzepte entwickelt und potente Investoren zur Realisierung dieser Projekte gefunden werden.

Zur Vorbereitung von Konversionsmaßnahmen ziehen Planungsämter häufig aktuelle Luftbilder heran, wenn andere Planungsunterlagen nicht vorhanden sind. Hier sind zwei Bilder einer Befliegung dargestellt, welche die Stadt Weimar 1998 flächendeckend für ihr Stadtgebiet durchgeführt hat. Auf diesen Aufnahmen lassen sich die Mannschaftsunterkünfte von Werkstätten und Garagenbereichen klar unterscheiden; der Zustand des Straßen- und Wegenetzes ist ebenfalls gut zu erkennen. Luftbilder liefern auch Hinweise auf Verunreinigungen im Boden – Öl, Schmierstoffe, Munitionsreste. Der Baublock im gelben Kreis ist ein ehemaliges Mannschaftsgebäude, in dem bereits neue Wohnungen entstanden sind.

Luftbilder: Stadt Weimar, Photo: SACHS

❷ Die Berichterstattung lokaler Zeitungen fokussierte auf Kernthemen der Konversion: ‚Realisierung von Nutzungskonzepten' sowie ‚Kaufpreisverhandlungen'. Häufig wird der Bund als ‚schwarzer Peter' dargestellt, der die Bedürfnis- und Finanzlage der Kommunen ignoriert – wenn er Liegenschaften ganz oder teilweise selbst weiternutzt, oder wenn er versucht – seiner gesetzlichen Verpflichtung nachkommend –, Liegenschaften zum Verkehrswert zu verkaufen. Die in lokalen Printmedien festzustellende Polarisierung der Akteurskonstellationen ‚Bund gegen Kommune' wird von Schlüsselpersonen der lokalen Konversion in der Tendenz bestätigt, erfährt aber eine weitgehend neutrale Wertung. Aushandlungsprozesse werden nicht als Konflikte, sondern als Bestandteil des administrativen Alltags gesehen. Zudem schränken institutionelle Rahmenbedingungen individuelle Handlungsstrategien weitgehend ein. Damit werden formelle, normorientierte Handlungszusammenhänge (administrativ-politische Systeme) zur entscheidenden Größe für Handlungen im Konversionsprozeß. Mit zunehmender Komplexität dieser Systeme nimmt die Beteiligung, Verantwortung und Identifikation individueller (Konversions-)Akteure ab. Nur wenige lokale Akteure sind daran interessiert, wie weit einzelne Konversionsmaßnahmen vorangeschritten sind oder wie sie bewertet werden.

❸ Die Zufriedenheit der Bevölkerung mit ihren neuen Wohngebieten ist sehr groß. Den ehemaligen Militärarealen haftet keinerlei negatives Image („Geruch von Kasernen") mehr an (SACHS 2001). Vielmehr ist die Akzeptanz innovativer städtebaulicher und architektonischer Konzepte, die auf Konversionsliegenschaften umgesetzt werden, sehr hoch – beispielsweise in Tübingen, wo mit der „Stadt der kurzen Wege" zahlreiche zukunftsweisende Ideen im Städtebau erfolgreich realisiert werden konnten.

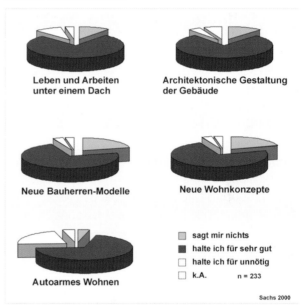

Bewertung der Konzepte und Architektur im Konversionsgebiet „Französisches Viertel" in Tübingen. Erhebungen des Geographischen Instituts, Universität Heidelberg

Die soziale Integration der Bewohner der neuen städtischen Quartiere ist nach den vorliegenden Ergebnissen lediglich bei der Realisierung von Maßnahmen des sozialen Wohnungsbaus schwierig. Sowohl die Bewohner der Housing areas in Frankfurt-Ginnheim selbst wie auch die Anwohner angrenzender Viertel beklagen die unausgewogene Bevölkerungsstruktur. Die in den Akzeptanz-Studien ermittelten Ergebnisse liefern den Verantwortlichen wichtige Argumentationshilfen, wenn es darum geht, den weiteren Konversionsprozeß durch Nachbesserungen zu steuern – beispielsweise durch zusätzliche Versorgungs- oder soziale Einrichtungen, verbesserte Verkehrsanbindung etc.

Klaus Sachs
Klaus.Sachs@urz.uni-heidelberg.de

E-Commerce, eine neue Konkurrenz im Einzelhandel?

Der deutsche Einzelhandel erfährt seit Jahrzehnten tiefgreifende Umwälzungen. Wohnstandortnahe Einrichtungen wurden häufig verdrängt durch großflächige Einkaufszentren am Stadtrand „auf der grünen Wiese". Diese mutierten – auf der Suche nach (neuen) Kunden – zu Erlebniswelten, in denen Einkaufen als *Event* inszeniert wird. In der fortschreitenden Filialisierung des Handels und der abnehmenden Angebotsvielfalt in den Stadtzentren sehen Planer und Wissenschaftler die Gefahr einer „Verödung der Innenstädte". Mit der Möglichkeit, per Mausklick vom Computer aus einkaufen zu können, nimmt der Druck auf den Handel vermeintlich zu. Andererseits können sich natürlich auch konventionelle Händler das Internet zu nutze machen. Wie stark der Handel in den verschiedenen Standortlagen tatsächlich betroffen ist und wie dieser auf neue Online-Angebotsformen reagiert, wird derzeit unter Einbeziehung des Konsumentenverhaltens im Rahmen eines DFG-Forschungsprojekts untersucht.

Die Zukunft des E-Commerce wird vor allem von der weiteren Entwicklung verschiedener Online-Anbieter bestimmt, die im folgenden vorgestellt werden.

❶ Originäre Internetanbieter
❷ Traditionelle Versandhändler mit Internetauftritt
❸ Hersteller mit Direktverkauf über das Netz
❹ Stationäre Händler mit virtueller Niederlassung

❶ Originäre Internethändler betreiben kein physisches Filialnetz. Sie sind allein vom Geschäft im virtuellen Raum abhängig. Prominentestes Beispiel ist *Amazon*, eine 1995 gegründete Buchhandlung. *Amazon* hat sich binnen weniger Jahre aus dem Nichts zu einer Händlermarke entwickelt und gehört seit kurzem zum überschaubaren Kreis derjenigen, die bereits Gewinne erwirtschaften. Das Gros der reinen Internetanbieter hingegen hat massive Probleme. Dafür sind verschiedene Gründe maßgebend:

➢ Es können nur Internetnutzer erreicht werden.
➢ Für das notwendige Vertrauensverhältnis müssen die am Markt unbekannten Anbieter erst eine Händlermarke etablieren.
➢ Die Gewinnung einer „kritischen Masse" an Kunden ist mit hohem finanziellen Investitionsaufwand verbunden.
➢ Viele Pioniere verfügten lediglich über das technische Know-how, hatten aber keinerlei Handelserfahrung.
➢ Konzepte wurden vielfach nachgeahmt, so daß sehr viele Anbieter um die wenigen Kunden konkurrieren.

Viele der einstigen Enthusiasten, die dem Vorreiter *Amazon* gefolgt sind, haben den Versuch, im Internet Geld zu verdienen, daher schon wieder aufgegeben.

❷ Der Versandhandel hat in der Bundesrepublik eine lange Tradition; seine Boomphase erlebte er nach dem II. Weltkrieg, zu Zeiten des Nachholbedarfs. Die bequeme Anlieferung von Waren war damals aufgrund der geringen Mobilität besonders gefragt. Mit aufkommender Individualmotorisierung änderte sich dies. Das Wachstum war gebremst, und man suchte nach Innovationen. Bereits einige Jahre vor der Diffusion des Internet waren daher neue multimediale Warenpräsentations- wie auch alternative Zugangsformen in Erprobung. So bot *Quelle* schon Anfang der 1990er Jahre seinen Katalog mit gewissen Zusatzqualitäten (Musik, virtuelle Modenschauen etc.) auf einer CD an. Die Bestellung konnte per Telefon, Fax, Post und das heute bedeutungslose BTX-System erfolgen.

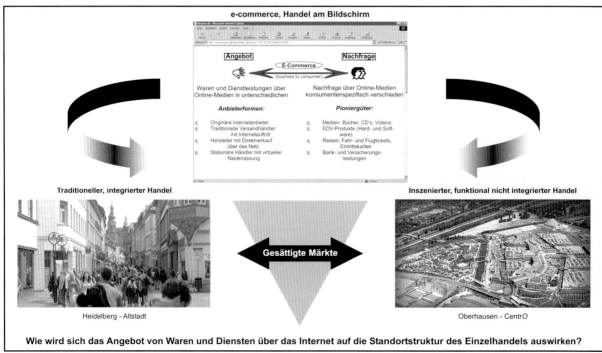

Das traditionelle Spannungsfeld zwischen dem in die Siedlungsstruktur integrierten Handel und dem auf der "Grünen Wiese", wird von neuen Angebotsformen im virtuellen Raum überlagert. (Aufnahmen: D. Knörr, www.aerophoto.de)

Es ist zu erwarten, daß die Integration des Internet die Stellung des Versandhandels stärken wird. So kann es im Sinne einer besseren Kundenorientierung (moderne Präsentation, weitere Bestellmöglichkeit, aktuelle Sonderangebote etc.) zur Bindung des bestehenden Kundenstamms dienen, der ohne zusätzlichen Werbeaufwand über den Katalog auf die besonderen Qualitäten des Internetauftritts hingewiesen wird. Dazu lassen sich in gewissem Maße neue Kundengruppen über das Internet erschließen, die der bisher starren Katalogpräsentation oder selbst der CD, über die nicht direkt bestellt werden konnte, wenig aufgeschlossen gegenüberstehen. Im Vergleich zur netzinternen Konkurrenz profitieren die Versandhäuser von:

➤ ihrem bereits etablierten Namen
➤ den Erfahrungen mit dem Fernabsatz (Kundenansprache, Kommissionierung, Logistik etc.) und der multimedialen Warenpräsentation
➤ der bestehenden (Logistik-)Infrastruktur und den Serviceeinrichtungen (z. B. Kundenbetreuer, Reparaturdienste).

❸ Um den Zwischenhandel zu umgehen, versuchen Produzenten zunehmend ihre Waren direkt über das Internet zu vermarkten (z. B. IBM, Opel etc.). Auch der Herstellerdirektverkauf ist in der Bundesrepublik nicht neu. Er beschränkte sich aber ein Jahrhundert lang auf den Absatz fehlerhafter Ware und von Überproduktionen an die eigenen Beschäftigten in kleinen Verkaufsstellen in oder bei der Fabrik („Fabrikverkauf").

Mit dem Aufkommen der ersten Schnäppchenführer erlangten Adressen wie *Boss* in Metzingen oder *Adidas* in Herzogenaurach schnell überregionale Bekanntheit unter den sogenannten „Smartshoppern". Seit wenigen Jahren gibt es nun auch hierzulande die ersten Ableger der umstrittenen *Factory Outlet Center* (FOC), in denen gleich mehrere Hersteller unter einem Dach selbst tadellose Ware zu vergleichbar günstigen Preisen anbieten. Um den Handel zu schützen, der immer noch der wichtigste Abnehmer ist, befinden sich FOC im Idealfall noch weiter in der Peripherie als die klassischen „Grüne-Wiese"-Einrichtungen. Ihr Online-Angebot ist allerdings für jeden gleichermaßen zu erreichen, weshalb im Internet das allgemeine Preisniveau in der Regel nicht unterschritten wird, um bei den Händlern keine Auslistung zu riskieren. Somit entfällt der Preisvorteil. Zwar ist ohne Zweifel eine zunehmende Markenorientierung bei den Konsumenten zu konstatieren, aus der sich prinzipiell gute Voraussetzungen für einen Herstellerdirektverkauf, auch über das Netz ergeben, einen echten Mehrwert kann das Online-Angebot hier zur Zeit aber nur in den wenigen Fällen bieten, wo es möglich ist, Produkte individuell zu konfigurieren.

❹ Auch viele Einzelhändler betreiben ein Nebengeschäft über das Netz, um zusätzlichen Service anzubieten und ihr Kundenpotential zu erhöhen (*Multi-Channel*-Strategie). Sie profitieren dabei von der Verkaufserfahrung, müssen für den Aufbau und den Betrieb der Online-Dependance aber meist auf IT-Dienstleister zurückgreifen. Gerade die Verknüpfung von Internet- und stationärem Handel scheint vielversprechend.

Händler können mit zusätzlichen Regalflächen im virtuellen Raum ihre Produktpalette sinnvoll erweitern und so auch die Attraktivität ihres physischen Geschäfts erhöhen. Mittels eines gemeinsamen Online-Shops räumlich benachbarter Händler lassen sich Kosten beim Aufbau und Betrieb einsparen, z. B. durch die Bündelung von Lieferungen. Kunden können sich Bestellungen bequem (gegen Gebühr) anliefern lassen oder Zusammenstellungen selbst abholen. Auch für Reklamationen oder Umtausch können sie das Geschäft aufsuchen.

Der Einzelhandel via Internet befindet sich noch im Versuchsstadium. Inwieweit sich der elektronische Warenabsatz durchsetzen wird, ist fraglich, zumal sich der Handel derzeit insgesamt in einer schwierigen Lage befindet. Die Umsätze stagnieren bestenfalls, Kaufkraft und Kaufbereitschaft nehmen tendenziell ab. Die Aufwendungen für Wohnen, Verkehr und Steuern steigen, während die Bedeutung des Warenkonsums immer mehr hinter der der Freizeitgestaltung zurücktritt. Hinzu kommt die aktuelle Unsicherheit der Konsumenten, hervorgerufen durch die Konjunkturflaute und den mit der Euroumstellung vielfach erfolgten Preiserhöhungen. Der Einzelhandel spricht von einem wahren „Käuferstreik".

Der Markt reagiert in solchen Situationen sensibel auf Innovationen, woraus sich Chancen für den elektronischen Handel ergeben. Gute Voraussetzungen haben prinzipiell die traditionellen Versandhändler und einige wenige originäre Internethändler, denen es mit einem ausgewählten Sortiment und dem geschickten Umgang mit dem Medium gelingt, das Vertrauen der Konsumenten zu gewinnen und ihnen einen reellen Mehrwert zu bieten (z. B. Bequemlichkeit, Zeit- und Kostenersparnis, Informationen). Auch traditionelle Händler sollten von einem Nebengeschäft im virtuellen Raum profitieren können. In der Praxis werden Online-Shops aber oftmals nur halbherzig und unkoordiniert als Nebengeschäft betrieben, was sie meist zu einem Verlustgeschäft macht. Da für verschiedene Produkte ein direkter Warenkontakt weiterhin unerläßlich ist, werden bei gleichzeitig eingeschränktem Kundenpotential über das Internet vermutlich stets nur einzelne Produktsegmente gewinnbringend absetzbar sein.

Jörn Schellenberg
Joern.Schellenberg@urz.uni-heidelberg.de

Soziokultur am Scheideweg?

Das Kulturangebot in Städten und Gemeinden ist gekennzeichnet durch ein vielfältiges Nebeneinander von traditionellen und neueren Formen der Kulturvermittlung. In Ergänzung zu etablierten Kultureinrichtungen entwickelten sich seit den 1960er Jahren insbesondere soziokulturelle Zentren als Orte alternativer Kulturarbeit. Der Heidelberger Karlstorbahnhof ist ein jüngeres Beispiel für eine solche Institutionalisierung von Soziokultur. Im regionalen Kontext wurde im Rahmen mehrerer Besucherbefragungen und Forschungsprojekte das Kulturhaus Karlstorbahnhof neben anderen kulturellen Institutionen des Rhein-Neckar-Raums (wie Stadttheater Heidelberg, Kulturzentrum Alte Feuerwache Mannheim oder Multiplexkino Kinopolis Viernheim) in seiner Entwicklung und gegenwärtigen Struktur untersucht.

❶ Soziokultur in Deutschland
❷ Soziokulturelle Zentren
❸ Raum-zeitliche Ausbreitung
❹ Lokaler Kontext
❺ Perspektiven

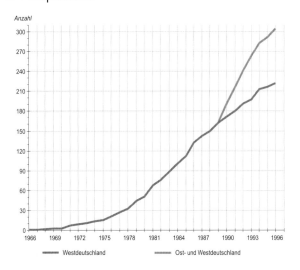

Die Diffusion soziokultureller Einrichtungen in Deutschland.
Quelle: FREYTAG / HOYLER / MAGER (2002, 119)

❶ Die Entwicklung von Soziokultur ist eng mit der Diskussion um kultur- und gesellschaftspolitische Leitbilder verbunden. Erste Zentren wie z. B. die Osnabrücker „Lagerhalle" oder das Nürnberger „KOMM" entstanden Anfang der 1970er Jahre im Geiste der Bildungsreformen und des sozialstaatlichen Gedankens einer „Kultur für Alle". Zahlreiche weitere soziokulturelle Einrichtungen wurden Ende der 1970er Jahre im Zuge einer nun stärkeren Orientierung an Fragen der Umsetzung problembezogener Gesellschaftspolitik gegründet. Ein Gefühl der persönlichen Betroffenheit durch staatliche Eingriffe und fehlende Möglichkeiten der Partizipation an politischen Entscheidungsprozessen führte vielerorts zum Bedürfnis nach Artikulation eigener Interessen, was u. a. in der Gründung von Bürger-

initiativen und in Form stadtteilbezogener Arbeit Ausdruck fand. Im Kontext der „neuen sozialen Bewegungen" bestimmte eine lebensweltlich-kommunikative Grundhaltung die Arbeit soziokultureller Zentren, bis sich seit Anfang der 1990er Jahre eine stärkere Ausrichtung des Veranstaltungsprogramms an konsumorientierten Lebensstilen abzuzeichnen begann. Nach der Wiedervereinigung sind die heute in Ostdeutschland bestehenden soziokulturellen Zentren teils aus früheren staatlichen Einrichtungen hervorgegangen und teils als Neugründungen entstanden. In den neuen Bundesländern wird der Soziokultur eine bedeutende integrierende und identitätsstiftende Funktion im gesellschaftlichen Transformationsprozeß zugeschrieben, da sie insbesondere Jüngeren Raum für selbstgestaltetes kulturelles und politisches Engagement biete.

Das soziokulturelle Zentrum Karlstorbahnhof in Heidelberg.
Photo: U. FORSTER

❷ Die etwa 400 in der Bundesvereinigung soziokultureller Zentren e.V. organisierten Einrichtungen orientieren sich satzungsgemäß an den Grundsätzen eines erweiterten Kulturbegriffs, der Förderung künstlerisch-kreativer Eigenbetätigung, der Integration verschiedener Altersgruppen sowie sozialer und ethnischer Minderheiten und einer nicht-kommerziellen nutzerorientierten Ausrichtung mit demokratischen Organisationsstrukturen in Selbstverwaltung. Soziokulturelle Zentren unterscheiden sich erheblich in Größe, Ausstattung und Ausrichtung des kulturellen Angebots. Ihre Finanzierung erfolgt überwiegend aus Landes- und kommunalen Haushalten, durchschnittlich über ein Viertel des Etats muß selbst erwirtschaftet werden. Zusätzlich werden in geringem Maße Bundesmittel im Rahmen des Fonds Soziokultur bereitgestellt und Sponsorengelder eingeworben. Im Vergleich zu traditionellen Kultureinrichtungen fallen die Subventionen der öffentlichen Hand pro Besucher wesentlich geringer aus. So lagen Mitte der 1990er Jahre die öffentlichen Zuschüsse für Theater im Bundesdurchschnitt bei € 94 und für Museen bei € 15 pro Besucher, während der Vergleichswert für soziokulturelle Zentren € 4 betrug. Die ungünstige Finanzsituation wirkt sich auch auf die Personalstruktur soziokultureller Einrichtungen aus. Knapp 50% des Personals leisten ihre Arbeit ehrenamtlich, nur etwa 10% sind unbefristet sozialversicherungspflichtig beschäftigt.

❸ Im zeitlichen Verlauf nähert sich der Entstehungsprozeß soziokultureller Zentren und Initiativen einer logistischen Kurve, deren S-Form als typisch für raum-zeitliche Diffusionsprozesse gilt. Nach einer Initialphase läßt sich seit Ende der 1970er Jahre ein anhaltend starker Trend zur Zentrengründung feststellen, der infolge der Gründungen in Ostdeutschland während der 1990er Jahre neue Impulse erfährt.

	1.000.000 Einwohner und mehr	500.000 bis unter 1.000.000 Einwohner	200.000 bis unter 500.000 Einwohner	100.000 bis unter 200.000 Einwohner	50.000 bis unter 100.000 Einwohner	20.000 bis unter 50.000 Einwohner	Bis unter 20.000 Einwohner
Verteilung	5,5 %	13,1 %	23,6 %	10,5 %	14,7 %	16,0 %	16,6 %
Versorgungsgrad	100 %	100 %	92,0 %	61,6 %	32,7 %	13,2 %	0,5 %

Verteilung soziokultureller Einrichtungen und Versorgungsgrade nach Ortsgrößenklassen 1996. Quelle: FREYTAG / HOYLER / MAGER (2002, 118)

Auf der Ebene der Bundesländer kann in räumlicher Differenzierung beispielsweise für Baden-Württemberg ein vergleichsweise früh einsetzender Diffusionsprozeß nachgewiesen werden. Die Entwicklung in Südwestdeutschland war während der ersten Phase nicht an Großstädte gebunden, sondern vollzog sich vielfach im ländlichen Raum. In späteren Phasen folgt der Ausbreitungsprozeß generell eher einem hierarchisch an Siedlungsgrößen orientierten Muster.

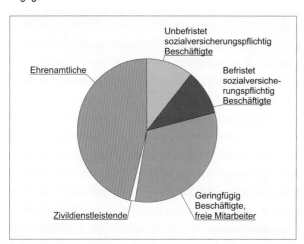

Personalstruktur 1996. Quelle: FREYTAG / HOYLER / MAGER (2002, 118)

❹ Entscheidend für die Realisierung des Heidelberger Karlstorbahnhofs im Jahre 1995 waren das langjährige Engagement lokaler Initiativen, die aufgeschlossene Haltung der Kommunalverwaltung und lokalpolitischer Akteure sowie das Vorhandensein eines geeigneten Gebäudes. In den letzten Jahren durchlief das Kulturhaus in Heidelberg bei fortschreitender Professionalisierung den typischen Entwicklungsprozeß soziokultureller Zentren (MAGER 2000). Damit konnte sich der Karlstorbahnhof neben dem Heidelberger Stadttheater, anderen Bühnen, Museen und Lichtspielhäusern als festes Element der städtischen Kultur mit einem Veranstaltungsprofil etablieren, das überwiegend jüngere und mittlere Altersgruppen anspricht.

	Karlstorbahnhof	Stadttheater
10 bis 17 Jahre	2,3%	2,2%
18 bis 29 Jahre	57,9%	23,3%
30 bis 44 Jahre	32,9%	26,6%
45 bis 64 Jahre	6,3%	38,2%
über 64 Jahre	0,6%	9,7%

Altersstruktur der Besucher des Karlstorbahnhofs und des Stadttheaters 1997. Quellen: FREYTAG / HOYLER (1997a; 1998a)

❺ Ein seit einigen Jahren zu beobachtender Trend zur Kooperation zwischen soziokulturellen Akteuren und den Trägern traditioneller Kulturformen, der in gemeinsamen Veranstaltungen und einem inhaltlichen wie räumlichen Austausch seinen Ausdruck findet, zeigt, daß Soziokultur ein fester Bestandteil der kommunalen Kulturlandschaften geworden ist. Um in einer angespannten Finanzsituation bestehen zu können, sehen sich viele soziokulturelle Einrichtungen gegenwärtig zu einer zunehmenden Kommerzialisierung ihrer Arbeit gezwungen.

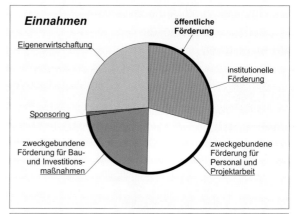

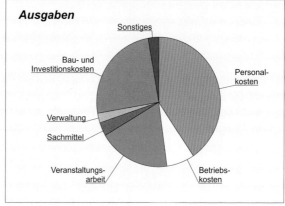

Finanzstruktur soziokultureller Zentren 1994. Quelle: FREYTAG / HOYLER / MAGER (2002, 119)

Immer wichtiger werden Besucherzahlen, was sich in einer Ausweitung des Angebots von Großveranstaltungen vor allem für ein jüngeres Publikum ausdrückt. Dabei droht jedoch der Gedanke konzeptioneller Vielfalt gelegentlich in den Hintergrund zu rücken. Soziokultur und ihre Einrichtungen stehen heute vor der schwierigen Aufgabe, vielfältige Kulturarbeit zu leisten, ein breites Publikum anzusprechen und dabei möglichst kostendeckend zu wirtschaften.

Tim Freytag, Michael Hoyler und Christoph Mager
tim.freytag@urz.uni-heidelberg.de
michael.hoyler@urz.uni-heidelberg.de
cmager@ix.urz.uni-heidelberg.de

Bibliothekslandschaften in Deutschland

Bibliotheken sind ein wichtiges Bindeglied in der Archivierung und Weitergabe von Wissen und Kultur. Ihre Aufgabe ist die Verwaltung, Dokumentation und Bereitstellung von Büchern, Zeitschriften und anderen Medienbeständen. Darüber hinaus sehen sie sich als moderne Dienstleistungs- und Kompetenzzentren für alle Belange der Informationsversorgung. Für den Nationalatlas Bundesrepublik Deutschland wurden aktuelle Entwicklungen des gesamtdeutschen Bibliothekswesens in den 1990er Jahren aufgearbeitet (FREYTAG / HOYLER 2002b).

❶ Grundzüge des Bibliothekswesens
❷ Wissenschaftliche Bibliotheken
❸ Leihverkehr und Verbundsysteme
❹ Öffentliche Bibliotheken
❺ Perspektiven

❶ In Deutschland gibt es rund 19.000 Bibliotheken unterschiedlicher Trägerschaft, Größe und Ausrichtung. Grundsätzlich werden Öffentliche Bibliotheken, Wissenschaftliche Bibliotheken und Wissenschaftliche Spezialbibliotheken voneinander unterschieden. Aufgrund der föderalen politischen Struktur ist das Bibliothekswesen der Bundesrepublik nicht einheitlich organisiert. Die Kulturhoheit der Länder und das geltende Subsidiaritätsprinzip bewirken eine dezentrale Zuständigkeit auf Ebene der Länder und Kommunen mit entsprechend großer Vielfalt in Medienbestand und Qualität der Bibliotheken. Nach der Wiedervereinigung wurde die zentralistische Bibliotheksstruktur der DDR an das westdeutsche Bibliothekswesen angeglichen.

❷ Wissenschaftliche Bibliotheken orientieren sich in ihrem Angebot vor allem an den Bedürfnissen von Forschung, Studium und Lehre. Die Nutzung ist in der Regel öffentlich. Den größten Bestand weist die 1990 aus den Vorgängerinstitutionen der beiden deutschen Staaten zusammengeschlossene „Die Deutsche Bibliothek" auf. Mit Hauptsitz in Frankfurt/Main (Deutsche Bibliothek, seit 1946) und ihren weiteren Standorten in Leipzig (Deutsche Bücherei, seit 1912) und Berlin (Deutsches Musikarchiv, seit 1970) ist die Deutsche Bibliothek zentrale Archivbibliothek mit Pflichtexemplarrecht sowie nationalbibliographisches Zentrum der Bundesrepublik und erfüllt damit die Funktion einer Nationalbibliothek. Ähnliche Bedeutung besitzen die Staatsbibliothek zu Berlin – Preußischer Kulturbesitz und die Bayerische Staatsbibliothek in München als zentrale Universalbibliotheken mit einem Bestand von 9,4 bzw. 7,2 Mio. Büchern. Auf nationaler Ebene unterstützen sie die Deutsche Bibliothek durch Zusammenarbeit in wichtigen Bereichen des Bibliothekswesens. Weiterhin bestehen Regionalbibliotheken, die häufig unter der Bezeichnung Staats- oder Landesbibliothek als wissenschaftliche Universalbibliotheken in der Tradition ehemaliger Fürsten-, Hof- oder Stadtbibliotheken geführt werden. Hinzu kommen 79 Universitätsbibliotheken und etwa doppelt so viele sonstige Hochschulbibliotheken, die in der Regel vom Land getragen und an zahlreichen Standorten um verschiedene Seminar-, Instituts- oder

Klinikbibliotheken ergänzt werden. Unter dem Begriff Wissenschaftliche Spezialbibliotheken werden mehrere tausend meist stark spezialisierte Bibliotheken in öffentlicher oder privater Trägerschaft gefaßt, wie etwa die Bibliotheken von Firmen, Museen oder Behörden. Diese sehr heterogene Gruppe verbindet die konsequente Ausrichtung auf bestimmte Sammelgebiete, auch wenn die einzelnen Einrichtungen hinsichtlich des Bestandsumfangs sowie der finanziellen und räumlichen Situation erheblich variieren.

Wissenschaftliches Bibliothekswesen in Deutschland 1998. Entwurf: FREYTAG / HOYLER

❸ Die Zusammenarbeit von Bibliotheken im Leihverkehr ermöglicht es dem Benutzer, Medien einer auswärtigen Bibliothek über die ansässige Bibliothek zu bestellen und einzusehen. Die Organisation des Leihverkehrs sieht einen Austausch auf internationaler, nationaler, regionaler und lokaler Ebene vor. Im Zuge der wachsenden Bedeutung elektronischer Datenverarbeitung im Bibliothekswesen wurden die Medienbestände in den vergangenen Jahren zu einem großen Teil elektronisch katalogisiert. Diese Daten werden in sechs regionalen Verbundsystemen zusammengeführt und stehen im Internet für Recherchezwecke zur Verfügung. Dadurch wird das Verfahren einer Abwicklung von Fernleihen über die Zentralkataloge der Leihverkehrsregionen zunehmend durch Direktbestellungen bei den entsprechenden Bibliotheken ersetzt. Um den stark ansteigenden Leihverkehr effizienter zu gestalten, gewinnen örtliche und überregionale Dokumentlieferdienste an Bedeutung, die sich unter Verwendung neuer Medien auf die schnelle Beschaffung von Büchern und Zeitschriftenartikeln spezialisieren.

❹ Zunächst stark einer erzieherisch-bildenden Tradition verhaftet, orientieren sich Öffentliche Bibliotheken heute zunehmend am Leitbild eines modernen Kommunikations- und Informationszentrums. Neben Bestandspräsentation und Informationsversorgung leisten sie vielerorts auch durch soziale Bibliotheksarbeit und kulturelle Veranstaltungen eine wichtige gesellschaftliche Aufgabe. Die überwiegend kommunale Finanzierung dieser Einrichtungen bewirkt allerdings erhebliche Unterschiede bezüglich Ausstattung und Nutzungsmöglichkeiten. Während der 1990er Jahre ist die Zahl der Öffentlichen Bibliotheken in Deutschland und besonders in den östlichen Bundesländern merklich zurückgegangen. Dieser Prozeß vollzieht sich vor dem Hintergrund einer in vielen Gemeinden angespannten finanziellen Situation und im Kontext der Anpassung des hierarchisch gegliederten Bibliothekssystems der DDR mit einer vergleichsweise hohen Bibliotheksdichte an eine westdeutsche Struktur, die eine überwiegend kommunale Selbstverwaltung dieser Einrichtungen vorsieht. Der durch Schließungen zunehmend problematischen Versorgungssituation in ländlichen Gebieten wird zum Teil mit dem Einsatz von Fahrbibliotheken begegnet, die zugleich in den Außenbezirken von Groß- und Mittelstädten Verwendung finden.

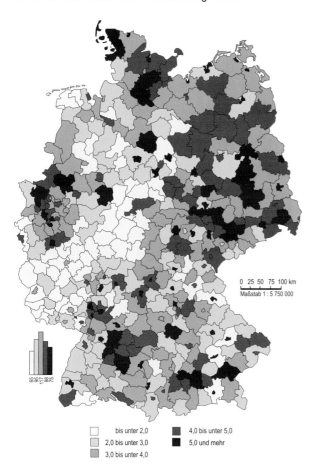

Entleihverhalten: Zahl der aus Öffentlichen Bibliotheken entliehenen Medieneinheiten je Einwohner im Jahr 1998. Entwurf: FREYTAG / HOYLER

Der Medienbestand Öffentlicher Bibliotheken umfaßt neben Büchern und Zeitschriften auch Tonträger, Spiele und sonstige Materialien. Zur Grundversorgung der Bevölkerung wird in Gemeinden mit mehr als 5.000 Einwohnern ein Mindestbestand von zwei Medieneinheiten je Einwohner angestrebt. Vergleichsweise günstig erscheint die Situation in den Stadt-

kreisen und im östlichen Teil Deutschlands, während in zahlreichen Landkreisen Westdeutschlands der Bestand weniger als eine Medieneinheit je Einwohner beträgt. Insgesamt ist der Medienbestand der Öffentlichen Bibliotheken während der 1990er Jahre rückläufig. Auch die Erwerbungsausgaben haben sich seit 1991 verringert und lagen 1998 im Bundesdurchschnitt bei DM 2,07 je Einwohner. Die Zahl der Entleihungen hat dagegen in den 1990er Jahren kontinuierlich zugenommen und ist zwischen 1991 und 1998 von 3,5 auf 4 Entleihungen pro Einwohner gestiegen, wobei der vorhandene Medienbestand 2,5 mal pro Jahr umgesetzt wird.

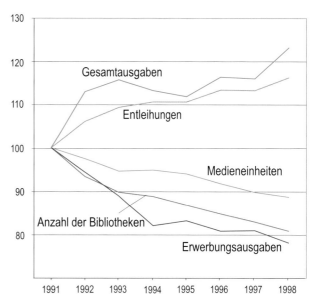

Entwicklung öffentlicher Bibliotheken 1991 bis 1998. Entwurf: FREYTAG / HOYLER

❺ In den 1990er Jahren sehen sich Bibliotheken mit drei großen Herausforderungen konfrontiert: mit der Expansion neuer Informationstechnologien und entsprechender Medien, mit einer Verknappung der finanziellen Mittel bei gleichzeitigem Anstieg der Buchproduktion und mit der Transformation des ostdeutschen Bibliothekssystems. Öffentliche Bibliotheken vollziehen einen Umstrukturierungsprozeß, der ihre Rolle als Vermittler von Information, Bildung und Unterhaltung im Zeitalter neuer Medien neu definiert und sie zunehmend zu Orten der Kommunikation und Begegnung werden läßt. Viele Kommunen entschließen sich aufgrund einer angespannten Haushaltslage zur Kostenbeteiligung der Bibliotheksbenutzer, eine Privatisierung Öffentlicher Bibliotheken bildet bislang jedoch die Ausnahme. Auch Wissenschaftliche Bibliotheken sehen sich einer stark anwachsenden Zahl von Publikationen und rapiden Entwicklungen im Bereich neuer Medien ausgesetzt. Hinzu kommen drastische Preissteigerungen, die in besonderer Weise das Abonnement von Fachzeitschriften betreffen. Um langfristig international konkurrenzfähig zu bleiben, wird die Zusammenarbeit und Vernetzung der Bibliotheken unter Einsatz moderner Kommunikationstechnologien immer wichtiger. Zugleich müssen Wissenschaftliche Bibliotheken die Bereitstellung, Bewahrung und Pflege ihres Medienbestands einschließlich wertvoller Altbestände gewährleisten.

Tim Freytag und Michael Hoyler
tim.freytag@urz.uni-heidelberg.de
michael.hoyler@urz.uni-heidelberg.de

31

HipHop – Globalisierung und Transkulturalisierung populärer Kultur

HipHop-Kultur befindet sich im Spannungsfeld von einerseits kulturindustriellen Vermarktungsinteressen auf globaler Ebene und andererseits der Möglichkeit für soziale und ethnische Minderheiten in groß-städtischen Kontexten, Proteste und Bedürfnisse lokal zu artikulieren. Wie und wann vollzogen sich die weltweiten raum-zeitlichen Ausbreitungsprozesse dieser Kulturform? Und wie wurde und wird U.S.-amerikanische HipHop-Musik von Künstlern in Deutschland konsumiert und in eigenen Produktionen re-interpretiert? Methodisch im Mittelpunkt stehen bei diesem Promotionsprojekt neben der Aufbereitung vorhandener quantitativer Daten die Auswertung musikalischer und journalistischer Texte sowie die Analyse von Leitfadeninterviews, die mit Künstlern, Produzenten und „Szene-Kennern" geführt werden.

❶ HipHop-America und die weite Welt
❷ *Race, space and place in rap music*
❸ *Representing Germany*
❹ HipHop in Deutschland – deutscher HipHop?

❶ Die Geschichte von HipHop beginnt Ende der 1960er Jahre in der Bronx, dem nordöstlichen Borough der Stadt New York. Strukturelle wie handlungsbezogene Faktoren auf unterschiedlichen geographischen Ebenen sind entscheidend für die Entstehung der zunächst von *African Americans* und *Hispanics* getragenen Subkultur: Traditionen mit westafrikanischen Wurzeln (*oral history, signifying*, Machismo des *boasting and bragging*), technologische Einflüsse des industrialisierten Westens, populärkulturelle Einflüsse aus der Karibik (*Sound System, toasting*), stadtplanerische Eingriffe auf der lokalen Ebene (Bau von Ausfallstraßen und Errichtung groß angelegter Wohnungsbauprojekte) sowie die individuelle Kreativität einzelner Künstler (*cutting, mixing*; *breakdancing*).

Mit wachsender Popularität breitet sich die neue Musikform Rap zu Beginn der 1980er Jahre über die Stadtgrenzen New Yorks hinaus in die Megalopolis der Ostküste aus. Zur Mitte des Jahrzehnts entstehen, parallel zu weiteren technologischen Entwicklungen (*sampling*), neue politisch und „realistisch" motivierte Genres, deren Protagonisten im kalifornischen Los Angeles und der Bay Area leben. Hinzu treten in den Folgejahren stärker hispanische, asiatische und kubanische Einflüsse in den städtischen Zentren des Südens.

Zeichen von HipHop außerhalb der USA finden sich bereits kurz nach den ersten Plattenveröffentlichungen und Kinoaufführungen dokumentarischer HipHop-Filme. Punktuell entstehen in Industrienationen und in einigen Ländern der Karibik und Afrikas Subkulturen, die sich zunächst nur langsam vernetzen und die gegen Ende der 1980er Jahre zunehmend medial wahrgenommen und kommerziell verwertet werden.

❷ Ethnizität und Raum sind zwei der entscheidenden Konzepte zum Verständnis sozialer Praktiken sowie der Zuschreibung von Werten und Bedeutungen innerhalb populärer Hip-Hop-Kultur in den USA. Während die (akademischen) Diskussionen um die ethnischen Wurzeln der Musik zwischen Positionen des Essentialismus („rap music is strictly black music") und des Anti-Essentialismus (Rap-Musik als Hybrid) mäandrieren, tragen einzelne Künstler territoriale Rivalitäten um die geographischen Ursprünge aus: Bronx versus Queens Mitte der 1980er Jahre, Ostküste versus Westküste etwa ein Jahrzehnt später.

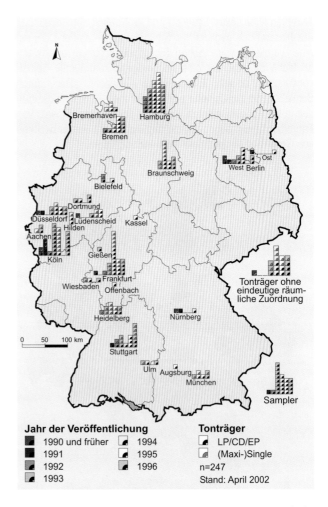

Rap auf Tonträgern in Deutschland, 1988-1996: Herkunft der Künstlerinnen und Künstler. Quelle: eigene Recherchen

Diskurse um den „authentischen Ort" von Rap rücken die ghettoisierten Räume der U.S.-amerikanischen Großstadt in den Mittelpunkt. Die abstrakten, generalisierenden Begriffe von Ghetto und Stadt allerdings finden mit zunehmender raum-zeitlicher Diffusion der Kulturform und mit wachsender musikalischer Ausdifferenzierung in Genres und Subgenres ihre Repräsentationen in spezifischen Städten, Stadtteilen und (*neighbor*)*hoods*. Rap wird heute typischerweise produziert innerhalb eines lokal begrenzten, engen sozialen Netzwerks (*posse* oder *crew*) im organisatorischen Rahmen kleinerer künstlereigener Plattenfirmen. Diese ausdrückliche Betonung eines räumlichen Bewußtseins und eines identitätsstiftenden Ortsbezugs kann als einer der entscheidenden Unterschiede zwischen HipHop und anderen Formen populärer Kultur gesehen werden.

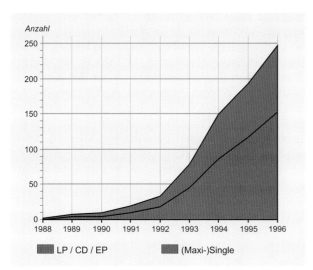

Rapveröffentlichungen auf Tonträgern in Deutschland, 1988 bis 1996. Quelle: eigene Recherchen

❸ Erste sichtbare Einflüsse von HipHop in Deutschland zeigen sich ab etwa 1983, nachdem der U.S.-Film *Wild Style* in deutschen Kinos gezeigt wird und die Verbindung der „vier Elemente: MCing, DJing, Breakdance und Graffiti" veranschaulicht. Nach einer kurzen, modischen Breakdance-Phase um 1983 bleibt eine kleine Gruppe interessierter Fans zurück, die sich über persönliche Kontakte zu anderen europäischen Szenen und in die USA sowie durch lokale Einflüsse in Deutschland stationierter U.S.-Streitkräfte ein qualifiziertes kulturelles Wissen erarbeitet. 1988 erscheint mit einer EP der Gruppe *Rock Da Most* aus Westberlin ein erster deutscher Genreversuch auf Tonträger. Zweites frühes Zentrum der deutschen Rap-Produktion ist Köln. Seit 1993 läßt sich ein stetiger Anstieg der Tonträgerveröffentlichungen beobachten, zu neuen Zentren des Rap entwickeln sich neben Braunschweig und Heidelberg insbesondere Frankfurt, Hamburg und Stuttgart.

In der DDR beginnt mit dem Film *Beat Street* (1984) das Interesse an HipHop. In den Folgejahren dienen neben Sendungen der Fernseh- und Rundfunkanstalten des Westens vor allem familiäre Kontakte in die Bundesrepublik als Informationsquellen. Von staatlicher Seite aus werden einzelnen semiprofessionellen Breakdance-Gruppen Auftritte in der ganzen DDR ermöglicht. Rap wird in den Jugendzentren geduldet und erlebt 1988/89 mit zwei DDR-weiten Wettbewerben in Dresden einen Höhepunkt, bevor die Szene 1990 auseinanderbricht und sich nach zaghaften musikalischen Versuchen erst in der zweiten Hälfte des Jahrzehnts erholen kann.

❹ Ab etwa 1987 entwickeln sich auf informeller Basis Netzwerkstrukturen, welche die aktiven Konsumenten polyzentrisch in losen Vereinigungen und europaweit in Parties (*Jams*) zusammenführen. Räumliche, ethnische und soziale Herkunft sind hier von untergeordneter Bedeutung. Insbesondere die Angehörigen der zweiten Generation von Gastarbeiterkindern sehen in HipHop eine Möglichkeit, sich sowohl der Kultur der Elterngeneration als auch einer Assimilierung an die deutsche Gesellschaft teilweise zu entziehen. Bis in die späten 1980er Jahre wird noch durchweg in englischer Sprache gereimt, erst allmählich beginnen Rapper, die Texte in ihrer jeweiligen Muttersprache und teilweise in Dialekt zu verfassen, um „ihre eigene Realität angemessener reflektieren und ihr Publikum direkter ansprechen zu können".

Vor dem Hintergrund einer Vergrößerung des Absatzmarkts für Tonträger und eines wachsenden nationalen Selbstbewußtseins im Zuge des Beitritts der DDR zum Geltungsbereich des Grundgesetzes entfalten sich Diskurse, als deren Ergebnis die Schaffung eines eigenständigen, prinzipiell kommerziellen und unpolitischen Genres „deutscher Sprechgesang" gesehen werden kann. Gleichzeitig entsteht bei den Protagonisten der ersten Phase einerseits das Gefühl des Ausgeschlossenseins von Produktionszusammenhängen und andererseits die Furcht vor Verlust des Zusammenhalts einer kleinen, überschaubaren Szene informierter und engagierter Vertreter eines „ursprünglichen", „echten" HipHop der „Alten Schule". Die zunehmende Popularität und Zahl deutschsprachiger Rap-Produktionen führt seit Mitte der 1990er Jahre zur weiter gesteigerten Betonung von Differenz, die, weil nur bedingt stilistisch oder inhaltlich zu begründen, auf ethnische und zusehends räumliche Kategorien rekurriert („Mutterstadt" Stuttgart oder (Hamburg)-„Eimsbush rules").

A - Schwarz-rot-gold: Kompilation KRAUTS WITH ATTITUDE (1991)
B - Kiel-Nürnberg-Berlin: das »türkische« Projekt CARTEL (1995)
C - »In vollem Effekt« - Posing der *Alten Schule*: ADVANCED CHEMISTRY (1992) in einer Heidelberger Gasse
D - »Hamburg represent« - die *Neue Schule*: Technik, Drogen, Spaß und Politik: ABSOLUTE BEGINNER (1996)

Plattencover als Repräsentationen einiger zentraler Koordinaten der HipHop-Diskurse in Deutschland

Auch wenn „deutscher HipHop" inhaltlich eine biographische und lokal geprägte Füllung erfährt und sich sprachlich überwiegend am nationalen Kontext orientiert, befördert und reflektiert er Diskurse entlang global bedeutsamer, interdependenter Kategorien populärmusikalischer Produktion und Konsumtion: Politik, Ethnizität, soziale Klasse und Raum. „HipHop in Deutschland" ist so Ergebnis transkulturalisierender Prozesse – der Formulierung des Globalen durch das Lokale und des Lokalen durch das Globale – vermittelt durch Vorstellungen des Begriffs „Nation".

Christoph Mager
cmager@ix.urz.uni-heidelberg.de

Deutsch-amerikanische Wissenschaftsbeziehungen durch Humboldt-Preisträger/innen, 1972-96

Seit 1972 wurden über 2.000 Wissenschaftlerinnen und Wissenschaftler aus den USA mit dem Forschungspreis der Alexander von Humboldt-Stiftung (AvH) ausgezeichnet. Was motiviert die international renommierten Forscher, die damit verbundene Einladung zu einem langfristigen Forschungsaufenthalt in Deutschland anzunehmen? Wie gestalten sie ihre Aufenthalte, was sind die wichtigsten Auswirkungen und welche Schlüsse ergeben sich daraus für den Forschungsstandort Deutschland? Um diesen Fragen nachzugehen, wurden drei verschiedene Datenquellen mit einem multimethodischen Ansatz ausgewertet (JÖNS 2002): anonymisierte Humboldt-Daten zu allen US-Preisträgern der Jahre 1972-96 (n = 1.719), eine postalische Vollerhebung (Rücklaufquote 65%, d.h. 1.020 Fragebögen) und 61 persönlich geführte Leitfadeninterviews mit Preisträgern der Regionen Boston und San Francisco.

❶ Programmgeschichte
❷ Charakteristika der Preisträger/innen
❸ Motivationen für den Deutschlandaufenthalt
❹ Fachspezifische Gestaltung der Aufenthalte
❺ Verlaufstypen nach Altersgruppen
❻ Nachfolgemobilität

Jubiläumsfeier zum 25jährigen Bestehen des USA-Preisträger-programms, Library of Congress in Washington, 26. bis 28. Oktober 1997. (Quelle: Archiv der AvH)

❶ Humboldt-Forschungspreise werden ausschließlich auf Vorschlag deutscher Wissenschaftler vergeben und sind mit der Einladung zu einem maximal einjährigen Forschungsaufenthalt in Deutschland verbunden. Das Preisträgerprogramm bezog sich ab 1972 zehn Jahre lang auf international renommierte US-amerikanische Natur- und Ingenieurwissenschaftler, bevor es auf Wissenschaftler aller Fächer und Länder ausgedehnt wurde. Für die Beziehungen zu den USA, aus denen Ende der 1990er Jahre weiterhin rund 40% der ausgezeichneten Preisträger stammten, besitzt das Programm eine besondere

historische Bedeutung: Es wurde im Rahmen einer Danksagung der Bundesrepublik für die Marshallplanhilfe aus Anlaß des 25. Jahrestags ihrer Bekanntmachung eingerichtet. Als eine von mehreren Maßnahmen zur Stärkung der deutsch-amerikanischen Beziehungen setzte es zur Zeit der Neuen Ostpolitik ein wichtiges Zeichen der Loyalität gegenüber den USA. Schließlich ermöglichte das Programm Wissenschaftlern, die Mitteleuropa im Dritten Reich verlassen mußten oder Kinder von Emigranten waren, einen längeren Aufenthalt, der bei vielen zur positiven Veränderung ihres Deutschlandbildes und zur Verarbeitung ihrer Erlebnisse bzw. der ihrer Eltern beitrug.

❷ In den ersten 25 Jahren des Programms (1972-96) kamen 1.719 US-Preisträger nach Deutschland. Darunter befanden sich 27 Frauen (1,6%). Im Zeitverlauf nahm der Frauenanteil leicht zu. Weibliche Professoren nominierten deutlich mehr Frauen als ihre männlichen Kollegen. 43% der US-Preisträger waren außerhalb der USA geboren. Die meisten stammten gebürtig aus Deutschland (10%), obgleich zu dieser Zeit nur etwa ein Prozent der Wissenschaftler an US-amerikanischen Hochschulen in Deutschland geboren waren. Da das Programm erst seit 1980 Geisteswissenschaftler einschließt, dominieren Natur- (83%) und Ingenieurwissenschaftler (14%) das Fächerspektrum. Am häufigsten vertreten waren Physiker (27%), Chemiker (16%) und Biowissenschaftler (14%). Bis 1996 wurden 65 Geisteswissenschaftler (4%) ausgezeichnet. Die Preisträger lassen sich anhand der Stationen ihrer wissenschaftlichen Laufbahn als Knotenpunkte hochwertiger Wissenschaftsnetze charakterisieren: 93% derjenigen, die in den USA promovierten (78%), schrieben ihre Doktorarbeit an den großen Forschungsuniversitäten (Carnegie R1). 74% aller Preisträger arbeiteten dort vor dem Deutschlandaufenthalt. Zu Beginn des Aufenthaltes betrug das Durchschnittsalter der US-Preisträger 51 Jahre (Median und arithmetisches Mittel). Der größte Anteil war zwischen 46 und 55 Jahre alt (41%). In den ersten 15 Jahren stieg das Durchschnittsalter deutlich an, vor allem wegen einer Profilschärfung des Programms, immer größerer Nominierungspotentiale durch die Wiedererlangung eines fächerübergreifend hohen Niveaus der deutschen Forschung in den 1970er Jahren und eines kollektiven Alterungsprozesses der Professoren auf beiden Seiten des Atlantiks. Die US-Preisträger hielten sich im Mittel neun Monate lang in Deutschland auf. Über ein Drittel verweilte ein ganzes Jahr. Die meisten waren an Hochschulen zu Gast (71%), gefolgt von Max-Planck-Instituten (23%) und sonstige Forschungsinstitutionen (11%). 90% besuchten eine Gastinstitution.

❸ Das Zustandekommen der Aufenthalte wurde am häufigsten durch enge persönliche Kontakte zum Gastgeber und durch biographische Bezüge nach Mitteleuropa beeinflußt. Da letztere aus historischen Gründen in den USA stark rückläufig sind, werden in Zukunft andere Anreize (wissenschaftlich, programmbezogen, kulturell) und die Verstärkung persönlicher Beziehungen durch den bilateralen Schüler-, Studierenden- und Wissenschaftleraustausch immer wichtiger werden, um US-Wissenschaftler für längere Zeit nach Deutschland zu holen. Weitere wichtige Motivationen für die Preisträgeraufenthalte umfaßten attraktive Forschungsinfrastruktur, vor allem an den Max-Planck-Instituten, herausragende Forscherpersönlichkeiten, ausreichend Zeit für eigene Forschung und Publikationsprojekte sowie internationale Großprojekte, von denen es in den 1980er Jahren besonders viele prestigereiche in Deutschland gab.

❹ Systematische Unterschiede in der Gestaltung und den Auswirkungen der Aufenthalte existieren zwischen Preisträgern verschiedener Fachgebiete und Arbeitsrichtungen: Je stärker die Forscher in ihrer Arbeit mit physisch verorteten Geräten, Objekten, Ereignissen, Lebewesen, Personen oder Personengruppen befaßt sind, desto größer ist ihre Einbettung in einen spezifischen lokalen Kontext und desto schwieriger wird deren Fortsetzung im Rahmen zirkulärer räumlicher Mobilität. In geräteintensiven Arbeitsgebieten, in denen die Infrastrukturanforderungen von einzelnen Arbeitsgruppen zu bewältigen sind, ist ein einjähriger Auslandsaufenthalt oft zu kurz, um ein gemeinsames Projekt im üblichen Sinne durchzuführen (vgl. Ingenieurwissenschaften, Laserphysik). Preisträger dieser Fächer konzentrierten sich in Deutschland auf theoretisch ausgerichtete Fragestellungen und auf weniger geräteintensive Arbeiten (z. B. Softwareentwicklung). In experimentellen Gebieten, die durch multinational finanzierte Großprojekte gekennzeichnet sind oder in denen Forschungsobjekte und infrastruktur gut transportiert werden können bzw. am Gastort verfügbar sind, kam die gemeinsame Bearbeitung eines Projekts wesentlich häufiger vor (vgl. Physik, Biowissenschaften). Da US-Professoren in Chemie wegen einer stark europäisch geprägten Fachtradition oft weniger häufig selber im Labor arbeiten als in Physik oder den Biowissenschaften, selbst wenn sie Zeit dazu hätten, bilden sie selten den Träger einer internationalen Kooperation. Wenn dennoch kooperiert wurde, so bezogen sich die Fallbeispiele auf theoretische Fragestellungen der Chemie. Eine große Individualität mathematischer und theoretischer Forschung trägt dazu bei, daß formelle Projektkooperationen eher unüblich sind. Gemeinsame Probleme werden bearbeitet, wenn sich zu passender Gelegenheit gegenseitige Anknüpfungspunkte ergeben. Diese fachspezifischen Kooperationskulturen erklären sich aus einer variierenden Bedeutung des räumlichen Kontexts für verschiedene wissenschaftliche Praktiken und sind mit typischen Auswirkungen von Forschungsaufenthalten im Ausland verbunden.

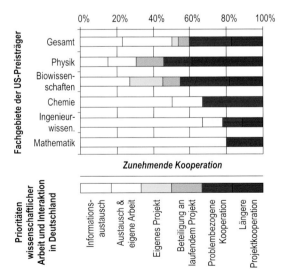

Fachspezifische Kooperationskulturen der US-Preisträger in Deutschland. (Quelle: eigene Leitfadeninterviews; n = 48)

❺ Als wichtigstes Merkmal besitzt das Alter der US-Preisträger einen systematischen Einfluß auf den Verlauf der Deutschlandaufenthalte und damit verbundene Impulse. Ältere US-Preisträger nehmen eher die Rolle des Diskussionspartners, Beraters und Vermittlers internationaler Kontakte und Ehrungen ein. Jüngere Preisträger sind meist forschende Partner, deren Aufenthalte tendenziell mehr meßbare Resultate in Form von Publikationen und Nachfolgemobilität hervorbringen. Ursachen dafür sind veränderte Aufgabenbereiche und Tätigkeitsspektren im Rahmen unterschiedlicher Karrierephasen, die bei der Konstruktion aussagekräftiger Indikatoren für Evaluationen im Bereich von Forschung und Lehre dringend zu berücksichtigen sind.

Verlaufstypen der Preisträgeraufenthalte nach Altersgruppen

Charakteristika	US-Preisträger bis 55 Jahre	US-Preisträger über 55 Jahre
Aufenthaltszeiten	weniger häufig, länger	häufiger und kürzer
Begleitung	eher mit Familie	eher mit Partner
Vorherige Kontakte	sehr viele	extrem viele
Kontaktverhalten	weniger bestehende, mehr neue	mehr bestehende, weniger neue
Veranstaltungen	viele	sehr viele
Bewertung	äußerst positiv	positiv
Publikationen & Projekte	sehr produktiv	weniger produktiv
Nachfolgemobilität	mittlere Beteiligung	geringe Beteiligung
Fazit	*eher aktiv forschende Partner*	*eher Diskussionspartner*

Verlaufstypen der Preisträgeraufenthalte nach Altersgruppen. (Quelle: eigene postalische Erhebung; n = 1.020)

❻ Die Preisträgeraufenthalte leisten einen wichtigen Beitrag zur Formierung und Erhaltung langjähriger informeller Forschungsverbünde über Fächer- und Ländergrenzen hinweg. Gerade der alltägliche persönliche Kontakt ermöglicht überraschende Erkenntnisse und Kooperationen, die auch im Zeitalter des Internets sonst nicht zustande kämen. Nach dem Aufenthalt unterhielten fast doppelt so viele US-Preisträger engere wissenschaftliche Kontakte in Deutschland als zuvor (75%). Jeder Zweite kam für einen weiteren längeren Aufenthalt nach Deutschland zurück (oft im Rahmen einer Wiedereinladung). Rund ein Drittel der Preisträger vermittelte Aufenthalte amerikanischer Post-Docs und Doktoranden in Deutschland (u. a. Humboldt-Stipendiaten). Am häufigsten wurde der persönliche Kontakt durch deutsche Post-Docs in den USA fortgesetzt (66% der Fälle; meist Feodor-Lynen-Stipendiaten der AvH). Als wichtiges wissenschaftspolitisches Handlungsfeld erwiesen sich längere USA-Aufenthalte etablierter deutscher Professoren (z. B. Humboldt-Gastgeber). Wegen grundlegender Unterschiede in der Wissenschaftsorganisation und mangels angebotener Programme erfolgte diese Art der weiteren Kooperation nur sehr selten (< 10% der Fälle). Die unterschiedlichen Muster internationaler Mobilität US-amerikanischer und deutscher Wissenschaftler in ähnlichen Karrierephasen resultieren aus verschiedenen Aufgabenbereichen, die sich als Funktion tendenziell größerer Arbeitsgruppen in Deutschland, verschiedener Modi bei der Besetzung akademischer Funktionen, einer schlechteren Ausstattung deutscher Universitäten mit nichtwissenschaftlichem Personal und ungünstigeren Betreuungsrelationen im Vergleich zu den großen Forschungsuniversitäten der USA beschreiben lassen. Dadurch erklärt sich auch ein scheinbarer Widerspruch zwischen sehr positiven wissenschaftlichen Erfahrungen und überaus kritischen Stimmen der US-Preisträger zur Wissenschaftsorganisation in Deutschland: Im Zuge einer stärkeren gruppeninternen Arbeitsteilung sind die deutschen Kollegen oft weniger stark in konkrete Forschungsarbeit involviert als die Preisträger selber.

Heike Jöns
heike.joens@urz.uni-heidelberg.de

Alphabetisierung in Mitteleuropa
Das Beispiel der österreichischen Monarchie

Die Alphabetisierung breiter Bevölkerungsschichten in Europa ist ein Phänomen der Neuzeit und Moderne. Nach Schätzungen beherrschten um 1500 nur etwa 10% der europäischen Bevölkerung das Lesen und Schreiben, eine kleine Minderheit von Priestern, Mönchen, Kaufleuten und adeligen Grundbesitzern – überwiegend Männer aus höheren sozialen Schichten. Nachdem die Erfindung des Buchdrucks die Voraussetzung zur weiten Verbreitung von Schrifttum geschaffen hatte, erlebte Europa einen kulturellen Diffusionsprozeß der Lese- und Schreibkundigkeit, der sowohl zeitlich als auch räumlich äußerst ungleich verlief und über den wir aufgrund der Quellenlage nur fragmentarisch Bescheid wissen. In großen Teilen Mitteleuropas ist die zweite Hälfte des 19. Jhs. der entscheidende Zeitraum, in dem sich die Massenalphabetisierung endgültig durchsetzt.

❶ Untersuchungsraum österreichische Monarchie
❷ Einflußfaktoren der Alphabetisierung
❸ Räumliche sozioökonomische Disparitäten
❹ Analphabetismus in der Großstadt

❶ Ein Staat vereint in seinen Grenzen vielleicht am extremsten die Diversität europäischer Alphabetisierungserfahrungen: die österreichisch-ungarische Monarchie. Der Vielvölkerstaat an der kulturellen Schnittstelle zwischen weitgehend alphabetisiertem Nordwesteuropa und überwiegend illiteratem Rußland und Osmanischen Reich wurde deshalb in einem von der Deutschen Forschungsgemeinschaft (DFG) geförderten Projekt exemplarisch betrachtet. Detaillierte vergleichbare Daten für den ethnisch, sprachlich, sozial und wirtschaftlich sehr heterogenen Raum der westlichen Reichshälfte (Cisleithanien) verdanken wir den österreichischen Volkszählungen und Schulstatistiken aus der zweiten Hälfte des 19. Jhs., die bisher kaum regional differenziert ausgewertet wurden.

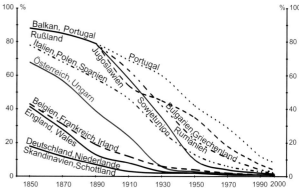

Der Rückgang des Analphabetismus in Europa zwischen 1850 und 2000. Quelle: nach MEUSBURGER (1998,262)

❷ Prinzipiell haben sich in der bisherigen Forschung folgende hemmende oder fördernde Determinanten als besonders relevant für den regionalen Verlauf der Alphabetisierung erwiesen:

➤ schulstrukturelle Determinanten (relativer Schulbesuch, Schuldichte, Bildungsinvestitionen, Schüler/Lehrer-Relation, Schulweglänge)
➤ berufsstrukturelle und wirtschaftssektorale Determinanten (über die soziale Lage der jeweiligen Erwerbspersonen oder spezifische Qualifikationsanforderungen)
➤ ethnische / religiöse Determinanten (z. B. sprachliche Homogenität)
➤ siedlungsstrukturelle Determinanten (Bevölkerungsdichte, Urbanisierungsgrad, Finanzkraft der Gemeinden)

❸ Auf der Ebene der 380 österreichischen Politischen Bezirke korreliert ein geringer Alphabetisierungsgrad insbesondere mit Indikatoren, die auf eine verzögerte Modernisierung der südlichen und östlichen Kronländer hinweisen. So betrug in weiten Teilen Galiziens und Dalmatiens noch 1900 der Anteil der in der Landwirtschaft Beschäftigten über 90%. Langandauernde Feudalstrukturen, geringe Marktorientierung und geringe soziale Mobilität schafften in diesen Gebieten kaum Anreize für Bildungsinvestitionen der Eltern, zumal diese meist selbst Analphabeten waren. Darüber hinaus lag den lokalen Eliten nur wenig an einer Bildungsvermittlung für die Landarbeiter. Die enormen geschlechtsspezifischen Disparitäten, die zudem die Bildungssituation der peripheren Gebiete kennzeichnen, deuten auf grundsätzliche Unterschiede der sozialen Stellung von Mann und Frau hin.

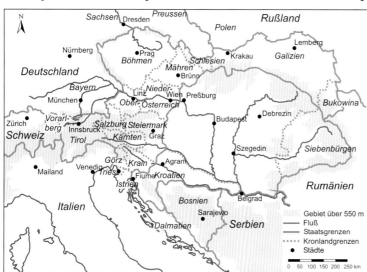

Eine starke Korrelation besteht auch zwischen Schulbesuchsquoten und Alphabetisierungsstand. Wenngleich aufgrund fehlender zeitlicher Synchronisation direkte Effekte hier nicht abzulesen sind, so drückt sich im Schulbesuch um 1900 doch deutlich die Dauerhaftigkeit von Entwicklungsunterschieden im Bildungswesen zwischen den Regionen Österreichs aus, wie sie auch durch einen Vergleich weiterer schulstruktureller Indikatoren (z. B. durchschnittliche Anzahl schulbesuchender Kinder pro vollbeschäftigter Lehrperson oder Schuldichte) belegt werden.

Übersichtskarte der Habsburgermonarchie 1815-1918

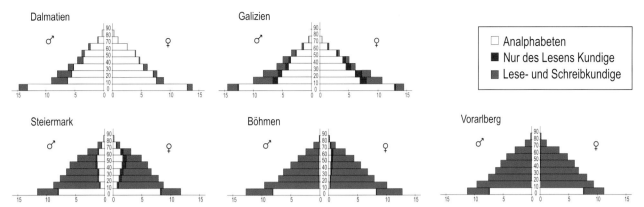

Altersaufbau und Analphabetismus in ausgewählten österreichischen Kronländern, 1890. Entwurf: HOYLER

Ein eindeutiger Zusammenhang zwischen Ethnizität und Alphabetisierungsgrad läßt sich entgegen zeitgenössischer Kommentare jedoch nicht nachweisen. Insgesamt folgt der Alphabetisierungsprozeß der ungleichen sozioökonomischen Entwicklung; dennoch bleibt es notwendig, das Bündel relevanter Determinanten für jedes Kronland detailliert zu betrachten, um Schriftlichkeit als soziale Praxis im jeweiligen gesellschaftlichen Kontext angemessen analysieren zu können (HOYLER 2001).

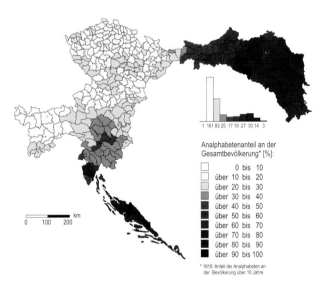

Regionale Unterschiede der Alphabetisierung in Österreich (Cisleithanien), 1900. Entwurf: HOYLER

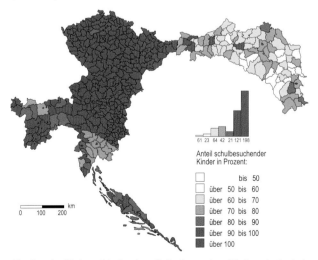

Regionale Unterschiede des Schulbesuchs (Volksschulen) in Österreich (Cisleithanien), 1900. Entwurf: HOYLER

Mit Hilfe von Regressionsanalysen konnte gezeigt werden, daß in den vier Kronländergruppierungen divergierenden Modernisierungsgrads (Alpenländer, Sudetenländer, Küstenländer und Karpatenländer) jeweils unterschiedliche Faktoren für die Varianz in den Analphabetenquoten verantwortlich sind. In den Alpen- und Sudetenländern spielen beispielsweise bei insgesamt sehr niedrigen Analphabeten- und hohen Schulbesuchsquoten die Distanz zur Schule (Schulweglänge) und die Betreuung im Unterricht (Schüler/Lehrer-Relation) eine wichtige erklärende Rolle, während in den Karpaten- und Küstenländern, deren Primarschulwesen sich noch in der Aufbauphase befand, die Verfügbarkeit schulischer Infrastruktur (Schuldichte) und der Schulbesuch entscheidender waren. Mit zunehmender Modernisierung des Schulwesens verlieren infrastrukturelle Ungleichheiten an Bedeutung, das Bildungsverhalten und seine Determinanten müssen verstärkt zur Erklärung für Unterschiede der insgesamt wesentlich geringeren Analphabetenquoten herangezogen werden. Solange von der Dynamik der Diffusion von Lese- und Schreibkenntnissen noch große Teile der Bevölkerung betroffen sind, lassen sich auch starke Zusammenhänge mit sozioökonomischen und kulturellen Variablen nachweisen.

❹ Am Beispiel der Stadt Graz wurden soziale und innerstädtische Ungleichheiten der Alphabetisierung rekonstruiert und zu den vorliegenden großräumigen Ergebnissen in Beziehung gesetzt. Als empirische Grundlage dienten dabei die Haushaltsbögen der Volkszählung von 1880. Diese sozialgeographisch überaus wertvolle Quelle von Individualdaten erlaubt eine differenzierte Analyse der Determinanten der Alphabetisierung auf der Mikroebene. Im einzelnen wurden demographische und soziale Merkmale, Haushalts- und Familienstrukturen, kleinräumige Wohnstandorte sowie Einzugsbereiche und geographische Mobilität der Bevölkerung analysiert. Zusammenfassend zeigt sich, daß Analphabetismus in Graz am Ende des 19. Jhs. zwar noch über die gesamte Stadt verbreitet und in nahezu einem Drittel aller Haushalte nicht unbekannt war. Eine abgestufte soziale Hierarchie auf dem Niveau elementarer Lese- und Schreibkenntnisse, wie sie für frühere Zeitabschnitte charakteristisch ist, läßt sich jedoch nicht mehr feststellen. Analphabetismus war im Graz des Jahres 1880 bereits zu einem altersspezifischen Unterschichtphänomen geworden.

Michael Hoyler
michael.hoyler@urz.uni-heidelberg.de

Alphabetisierung und Industrialisierung in England: Leicestershire 1754-1890

Die Bildungsentwicklung in England und Wales ist vor der Einführung der allgemeinen Schulpflicht im letzten Drittel des 19. Jhs. gekennzeichnet von großen regionalen Unterschieden, die sich unter anderem durch räumliche Disparitäten im Grad der Alphabetisierung nachweisen lassen. In einer durch die Gottlieb Daimler- und Karl Benz-Stiftung geförderten Untersuchung wurde am Beispiel der mittelenglischen Grafschaft Leicestershire der Frage nachgegangen, inwieweit Städte und Regionen mit unterschiedlichen sozioökonomischen Entwicklungspfaden wesentliche Differenzen im Alphabetisierungsprozeß zeigten. Welche Zusammenhänge gab es zwischen Berufs- und Sozialstruktur, Arbeitsplatzangebot, Formen der Arbeitsorganisation, Prosperität und Durchsetzung der Alphabetisierung?

❶ Kreuz oder Unterschrift?
❷ Regionale Unterschiede der Alphabetisierung
❸ Wirtschaftsentwicklung und lokale Disparitäten
❹ Soziale Ungleichheiten und Heiratsdistanzen

❶ Um die Mitte des 18. Jhs. konnten in England weniger als 40% der Frauen und etwa 60% der Männer ihre Heiratsurkunde mit Namen unterschreiben, 150 Jahre später setzte nur noch eine(r) von 100 frisch Vermählten ein Kreuz an Namens Stelle; die Alphabetisierung der Bevölkerung war erreicht. In diesem Zeitabschnitt einer beschleunigten *literacy transition*, für den sich Analphabetenquoten mit Hilfe von Heiratsregisterdaten rekonstruieren lassen, scheint die Geschichte von Industrialisierung und Durchsetzung elementarer Schreib- und Lesekenntnisse eng verbunden. Wechselt die Perspektive von der nationalen auf die regionale und lokale Ebene, zeigt sich jedoch ein komplexes, räumlich differenziertes Mosaik von Alphabetisierungsfortschritten und Stagnation, von Modernisierung und Beharrung. In England, das erst Ende des 19. Jhs. die allgemeine Schulpflicht einführte und die Schulversorgung aller Kinder sicherstellte, bestimmte weniger die staatliche Bildungspolitik den Kurs der Alphabetisierung als vielmehr das Zusammenspiel verschiedener sozioökonomischer Konstellationen an einem Ort, das sich nachhaltig auf die Bildungsversorgung und -nachfrage auswirken konnte.

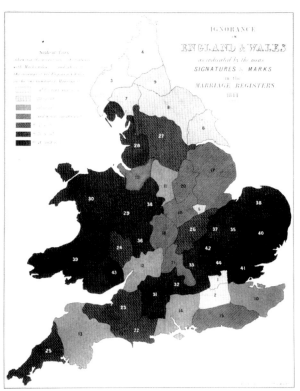

Analphabetismus als Thema zeitgenössischer Kartographie der englischen Moralstatistik. Dargestellt sind regionale Abweichungen der Analphabetenquoten vom Mittelwert. Quelle: FLETCHER (1849, 176)

❷ Eine kleinräumige Auswertung aggregierter Heiratsstatistiken belegt für die Jahre 1847 bis 1884 erhebliche regionale Unterschiede des Alphabetisierungsprozesses zwischen den elf Distrikten der mittelenglischen Grafschaft Leicestershire, die zudem eine geschlechtsspezifische Komponente aufweisen. Die vier überwiegend agrarisch geprägten östlichen Distrikte besitzen über den gesamten Untersuchungszeitraum den geringsten Anteil an Analphabeten. In den westlichen, von der ländlichen Warenproduktion in Form der Strumpfwirkerei charakterisierten Distrikten liegt der Anteil der Analphabeten wesentlich höher; zudem verringern sich die geschlechtsspezifischen Unterschiede kaum. Trotz eines generellen Rückgangs des Analphabetismus konnte in Leicestershire eine relative Verschärfung dieser Ost-West-Disparitäten nachgewiesen werden. Die Dominanz der stagnierenden Strumpfwirkerei im westlichen Leicestershire, die bis über die zweite Hälfte des 19. Jhs. hinaus überwiegend in Form ländlicher Hausindustrie nach dem Verlagssystem organisiert und in der Kinderarbeit die Regel war, trug wesentlich zur Persistenz der hohen Analphabenquoten bei.

Beispiel eines Heiratsregistereintrags aus dem Jahre 1887. Die Braut und beide Trauzeugen waren nicht schreibkundig und setzten ein Kreuz anstelle der Unterschrift. Quelle: HOYLER (1996, 179)

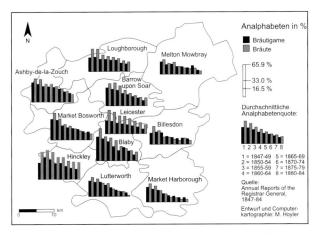

Regionale Unterschiede des Analphabetismus in Leicestershire 1847-84. Quelle: HOYLER (1998, 211)

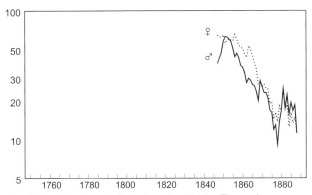

Coalville: Bergbauort, Gründung im 19. Jh., Zuwanderung von Arbeitskräften aus der Region; Schulversorgung nach Etablierung der Kohlegruben schnell gesichert, rascher Übergang zu niedrigen Analphabetenquoten. Quelle: HOYLER (1998, 210)

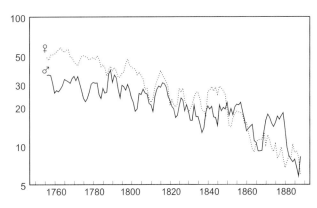

Melton Mowbray: Marktort für agrarisches Umland, großer Dienstleistungssektor (Fuchsjagden); überdurchschnittlich schneller Rückgang des Analphabetismus, Umkehrung geschlechtsspezifischer Disparitäten. Quelle: HOYLER (1998, 210)

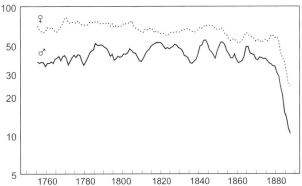

Hinckley: Stagnierende protoindustrielle Strumpfwirkerei; Persistenz hoher Analphabetenraten, große geschlechtsspezifische Unterschiede, deutlicher Einfluß der Schulgesetzgebung von 1870. Quelle: HOYLER (1998, 210)

❸ Um die festgestellten Disparitäten näher untersuchen zu können, wurden für drei Kleinstädte unterschiedlicher Wirtschafts- und Sozialstruktur Individualdaten von über 16.000 Personen in Form sämtlicher verfügbarer Heiratsregister der Jahre 1754 bis 1890 erhoben. Diese lassen nicht nur Schlüsse über die Schreibkundigkeit der unterzeichnenden Eheleute zu, sondern ermöglichen eine Verknüpfung mit zahlreichen demographischen und sozioökonomischen Angaben. Die Analphabetenquoten der beiden Marktorte Hinckley und Melton Mowbray unterscheiden sich Mitte des 18. Jhs. nur geringfügig; mit zunehmender funktioneller Differenzierung und divergierendem ökonomischen Erfolg ergeben sich jedoch extreme Disparitäten, die erst mit der Auswirkung der Einführung allgemeiner Schulpflicht 140 Jahre später reduziert werden. Diese Entwicklung findet ihren Niederschlag auch in erheblichen geschlechtsspezifischen Ungleichheiten der Alphabetisierung. Noch in der zweiten Hälfte des 19. Jhs. läßt sich eine deutliche Hierarchie berufsspezifischer Analphabetenquoten nachweisen. Das Beispiel der Strumpfwirker Hinckleys unterstützt die These, daß weniger die Berufsanforderungen selbst als vielmehr die spezifischen ökonomischen und gesetzlichen Rahmenbedingungen entscheidend für den Erwerb elementarer Schreibkenntnisse waren.

❹ Darüber hinaus konnte für den gesamten Zeitraum ein starker Zusammenhang zwischen sozialer Schichtzugehörigkeit und Schreibkundigkeit belegt werden. Auswertungen zur Beziehung von Schreibkundigkeit und räumlicher Mobilität

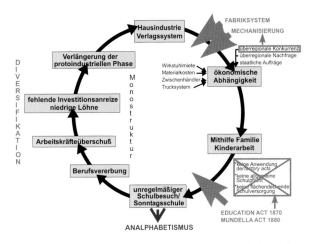

Teufelskreis der 'Industrial Involution' in der protoindustriellen Strumpfwirkerei Leicestershires und Ansatzpunkte des Wandels. Entwurf: HOYLER

wurden mittels einer Analyse von Heiratsdistanzen durchgeführt. Der Einzugsbereich auswärtiger Heiratspartner zeigt einen deutlichen Distanzeffekt abnehmender Analphabetenquoten, dessen Ursache in der mit der Entfernung zwischen Heirats- und Wohnort zunehmenden sozialen und berufsspezifischen Selektion der Heiratspartner gesehen wird.

Michael Hoyler
michael.hoyler@urz.uni-heidelberg.de

London und Frankfurt – führende Finanzplätze zwischen Wettbewerb und Kooperation

Die **Vorherrschaft Londons im europäischen Finanzwesen** ist gefährdet. So lautete manche Prognose, als in Frankfurt die Europäische Zentralbank errichtet wurde und die Währungsunion ohne britische Beteiligung ihren Lauf nahm. Mit den Erfolgen von Deutscher Terminbörse bzw. Eurex und den (später gescheiterten) Verhandlungen über einen Zusammenschluß von Deutscher Börse und London Stock Exchange galt eine **Stärkung Frankfurts** auf Kosten Londons als wahrscheinlich.

Wie werden die **Beziehungen zwischen beiden Finanzplätzen** wenige Jahre später von wichtigen Entscheidungsträgern in Finanzwesen und verwandten Branchen eingeschätzt? Haben die Einführung des Euro und die Standortentscheidung für Frankfurt als Sitz der EZB die Position der Stadt im Vergleich zu London verändert? Wie artikulieren sich Machtbeziehungen zwischen den beiden Städten im weltumspannenden Netz von *global cities*? Und welche Schlußfolgerungen lassen sich daraus für Politik und Wirtschaft ziehen?

❶ Das Projekt
❷ Globale Vernetzung
❸ Der Euro
❹ Räumliche Konzentration von Wissen
❺ Kooperation statt Wettbewerb

❶ Grundlage der gemeinsamen Studie des Heidelberger Lehrstuhls für Wirtschafts- und Sozialgeographie und des Geographischen Instituts der Universität von Loughborough (BEAVERSTOCK et al. 2001) bilden über 100 Interviews, die in den Jahren 2000 und 2001 parallel in London und Frankfurt mit hochrangigen Entscheidungsträgern in global agierenden **unternehmensorientierten Dienstleistungsfirmen** (Banken, Wirtschaftskanzleien, Unternehmensberatungen, Wirtschaftsprüfungsgesellschaften und Werbeagenturen) sowie wichtigen Institutionen und Organisationen der Finanzwelt durchgeführt wurden. Das von der Deutsch-Britischen Stiftung für das Studium der Industriegesellschaft (*http://www.agf.org.uk/*) finanzierte Projekt ist eingebunden in die Arbeit der *Globalization and World Cities Study Group and Network* (*GaWC*), einer internationalen Forschungsgruppe, die sich mit der Herausbildung eines weltweiten Städtenetzes im Zeichen aktueller ökonomischer Globalisierung befaßt (*http://www.lboro.ac.uk /gawc/*).

❷ London und Frankfurt sind wichtige Knotenpunkte der Weltwirtschaft, sogenannte **Weltstädte** oder *global cities*, zu deren Merkmalen eine hohe Konzentration von Entscheidungs- und Kontrollfunktionen in Finanz- und anderen wissensintensiven

Dienstleistungen zählt. Die beiden global am besten vernetzten Standorte sind mit weitem Abstand vor allen anderen London und New York; Frankfurt nimmt als wichtigste deutsche *global*

The City of London – The Square Mile. Photo: BRITTON (2001)
http://www.freefoto.com/

Bankenviertel in Frankfurt/Main. Photo: HOYLER (2000)

Rang	Weltstädte	Finanzzentren
1	**London**	**London**
2	New York	New York
3	Hongkong	Tokio
4	Paris	Hongkong
5	Tokio	Singapur
6	Singapur	Paris
7	Chicago	**Frankfurt**
8	Mailand	Madrid
9	Los Angeles	Jakarta
10	Toronto	Chicago
11	Madrid	Mailand
12	Amsterdam	Sydney
13	Sydney	Los Angeles
14	**Frankfurt**	Mumbai
15	Brüssel	San Francisco
16	São Paulo	São Paulo
17	San Francisco	Taipeh
18	Mexico City	Shanghai
19	Zürich	Brüssel
20	Taipeh	Seoul

Städte mit starker weltweiter Vernetzung, gemessen am Grad der Verflechtung von Büros international agierender Dienstleistungsunternehmen bzw. Banken. Quelle: TAYLOR; pers. Mitt. 2001

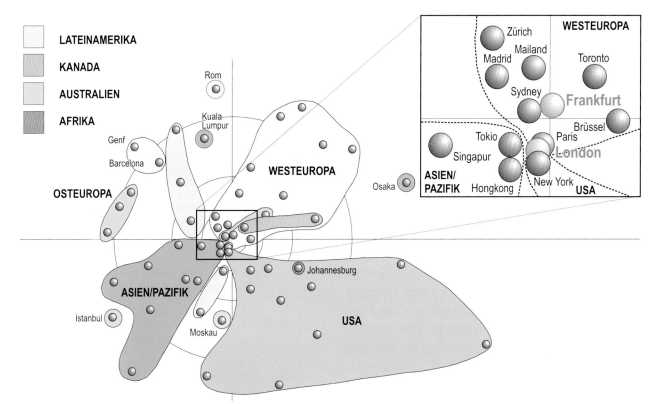

Weltstädte: Zentren globaler Wirtschaftsmacht. Die Abbildung zeigt regionale Cluster von Weltstädten in den drei führenden Globalisierungsarenen Westeuropa, Nordamerika und pazifisches Asien sowie hierarchische Tendenzen mit den am stärksten vernetzten Städten im Zentrum. Städte mit ähnlicher Zusammensetzung ihres globalen Dienstleistungskomplexes liegen nahe zusammen. Quelle: TAYLOR et al. (2001, 220-221)

city aber ebenfalls einen oberen Rang ein und liegt nach einem aktuellen Ranking von *GaWC* weltweit auf Platz 14. Die unterschiedliche Einbindung in Personal-, Kommunikations- und Finanzströme weist jedem dieser Orte seinen spezifischen Platz im globalen Städtenetz zu: London als internationaler Weltstadt ersten Ranges, Frankfurt als Finanzplatz mit eher europäischer Ausrichtung (TAYLOR / HOYLER 2000).

❸ Der Einführung des Euro schreiben die befragten Unternehmen einen nur geringen Einfluß auf die Positionierung beider Finanzplätze zu. Die Errichtung der Europäischen Zentralbank in Frankfurt stärkt zwar das Image der Stadt, hat aber für die überwiegende Zahl der Unternehmen im Hinblick auf internationale Standortstrategien kaum praktische Relevanz. Entscheidend für die Stärkung des Finanzplatzes Frankfurt in den letzten Jahren ist vielmehr die Bedeutung und zunehmende Deregulierung des deutschen Markts, auf den immer mehr international tätige Dienstleistungsunternehmen drängen. Die Stellung Londons als führender Welt-Finanzplatz ist durch das Festhalten am britischen Pfund aus Sicht der interviewten Manager nicht gefährdet.

❹ Die herausragende Position Londons gründet sich ganz entscheidend auf den verfügbaren Wissenspool und die institutionelle Dichte in der City. Hier arbeiten etwa zehnmal so viele Menschen im Finanzgewerbe wie in Frankfurt. Zwar können Informationen heute mit Hilfe der modernen Kommunikationstechnologien innerhalb von Sekunden weltweit verbreitet werden; Wissen, Kreativität, Erfahrung und Qualifikation bleiben aber an Personen und Organisationen gebunden und sind so-

mit räumlich sehr viel stärker verankert. Der Zugang zu entscheidenden Informationen erfolgt trotz aller Digitalisierung meist *face-to-face*. Neben der außergewöhnlichen Konzentration von Wissen und hochspezialisierten Netzwerken machen kulturelle Vielfalt und Toleranz sowie die Globalität der englischen Sprache die Stadt zum weltweit führenden Finanzplatz (HOYLER / PAIN 2002). In London fühlen sich hochqualifizierte Nachwuchskräfte aus allen Ländern besonders wohl, bekundet ein *Managing Director* einer großen Bank, „weil sie sich relativ leicht verständigen können, weil sie ihren Hobbies am besten nachgehen können, weil es ganz generell eine offene, liberale Gesellschaft ist". Hinzu kommen handfeste Steuervorteile, allerdings auch hohe Lebenshaltungskosten und ständig drohender Verkehrsinfarkt.

❺ Das Forschungsprojekt zeigt, daß sich das häufig als Rivalität charakterisierte Verhältnis zwischen Frankfurt und London nicht auf den Aspekt des Wettbewerbs reduzieren läßt. Die Stärkung eines Standorts muß nicht zwangsweise auf Kosten des anderen erfolgen, sie ist kein Nullsummenspiel. Ein Frankfurter Wirtschaftsanwalt bringt es auf den Punkt: „Sie müssen in London *und* in Frankfurt sein, weil das Hauptgeschäft in London und in Frankfurt stattfindet – und weil alle sagen, es findet in London und Frankfurt statt, ziehen auch alle nach London und Frankfurt". Beide Städte ergänzen sich in vielen Bereichen; der Erfolg Londons als Zentrum globaler Vernetzung kommt Frankfurt zugute, die wachsende Bedeutung Frankfurts als Tor zum deutschen und europäischen Markt stärkt auch London. Der Intensivierung von Verflechtungen zwischen beiden Städten sollte deshalb zumindest ebensoviel Aufmerksamkeit geschenkt werden wie dem immer wieder beschworenen Wettbewerb.

Michael Hoyler
michael.hoyler@urz.uni-heidelberg.de

Der ungarische Arbeitsmarkt in den 1990er Jahren

Die Einführung der Marktwirtschaft in den sozialistischen Ländern zeigte, daß die neoklassische ökonomische Theorie für den Arbeitsmarkt nur einen geringen Erklärungswert hat. Die Arbeitsplätze wurden nicht dort errichtet, wo es die billigsten Löhne, die niedrigsten Mieten oder das größte Angebot an Arbeitskräften gab. Entscheidend für die Frage, ob eine Region zu den Gewinnern oder Verlierern des Transformationsprozesses gehört, waren vielmehr das Ausbildungs- und Qualifikationsniveau der Bevölkerung, die Intensität und Qualität von Netzwerken ins Ausland, frühe Erfahrungen mit der Marktwirtschaft und das Erbe des sozialistischen Systems. Der Transformationsprozeß von der Planwirtschaft zur Marktwirtschaft belegte eindrucksvoll, wie bedeutend räumliche Strukturen und Verflechtungen sind, welch große Persistenz regionale Unterschiede aufweisen und wie wenig raumblinde ökonomische Theorien mit der Wirklichkeit zu tun haben.

Von den Erfolgsindikatoren der Transformation seien hier nur die wichtigsten erwähnt:
❶ Erwerbstätigkeit und Arbeitslosigkeit
❷ Einkommensniveau
❸ Ausländisches Kapital
❹ Ausbildungsniveau, Wissens- und Informationsvorsprung

Alle Indikatoren belegen, daß Ostungarn in den ersten zehn Jahren des Transformationsprozesses eindeutig der Verlierer des Strukturwandels war, während der Zentralraum (Budapest) und der Westen Ungarns (besonders das nördliche Transdanubien) zu den Gewinnern der Marktwirtschaft gehörten.

❶ Die großen West-Ost-Disparitäten hinsichtlich der Erwerbstätigenquoten, der Arbeitslosenquoten und des Anteils der Arbeitsuchenden sind u. a. darauf zurückzuführen, daß der Stellenabbau in Ost- und Nordungarn wegen des großen Anteils von unrentablen Staatsunternehmen der Schwerindustrie und chemischen Industrie am stärksten war und daß hier viele Anreize für die Neugründung von Privatfirmen fehlten. Die Zentralregion von Budapest und das nördliche Transdanubien haben u. a. davon profitiert, daß sie einen höheren Anteil von gut ausgebildeten Arbeitskräften und hochqualifizierten Entscheidungsträgern aufwiesen, daß die Bevölkerung aus historischen Gründen enge Beziehungen nach Österreich und Süddeutschland hatte, daß das Lohn- und Kaufkraftgefälle entlang der Staatsgrenze zu Österreich ein wichtiger Standortfaktor wurde und daß hier der tertiäre Sektor schon vor Einführung der

Marktwirtschaft stärker entwickelt war als im Osten Ungarns. Die Region von Budapest und der Nordwesten Ungarns hatten schon in der zweiten Hälfte der 1990er Jahre Vollbeschäftigung erreicht, während in einigen Arbeitsamtsbezirken im Nordosten noch Arbeitslosenquoten von über 20% zu verzeichnen waren.

Der Anteil der Arbeitsuchenden an der 20-50jährigen Bevölkerung im Jahre 1996

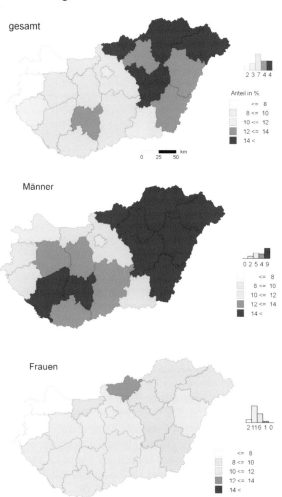

Der Anteil der Arbeitsuchenden sagt mehr über die Arbeitsmarktsituation aus als der Anteil der Erwerbstätigen.

Ungarn unterscheidet sich von allen anderen ehemals sozialistischen Ländern auch dadurch, daß Frauen die Einführung der Marktwirtschaft besser überstanden haben bzw. in geringerem Maße aus dem Erwerbsleben verdrängt wurden als Männer; deshalb wiesen sie auch geringere Arbeitslosenquoten und einen geringeren Anteil an Arbeitsuchenden auf. Dies ist nicht zuletzt darauf zurückzuführen, daß Männer zu einem höheren Anteil in den nicht wettbewerbsfähigen Staatsunternehmen und landwirtschaftlichen Produktionsgenossenschaften tätig waren, während sich die ungarischen Frauen schon relativ früh dem tertiären Sektor zugewandt haben und damit zu einem größeren Anteil in weniger krisenanfälligen Branchen tätig waren.

❷ Das durchschnittliche Nettoeinkommen ist im Zentralraum (Budapest) und im nördlichen Transdanubien deutlich höher als in Ost- und Südungarn. Dies ist einerseits auf die ausländischen Unternehmen zurückzuführen, die hier einen Großteil der Arbeitsplätze zur Verfügung stellen, andererseits wirken sich auch das Lohn- und Kaufkraftgefälle entlang der österreichischen Staatsgrenze sowie der Arbeitskräftemangel auf das durchschnittliche Lohnniveau in diesen Regionen aus.

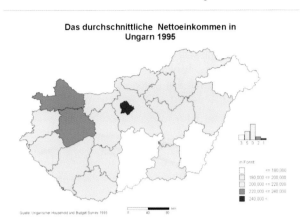

Das durchschnittliche Nettoeinkommen in Ungarn 1995

Das Einkommensniveau wird in starkem Maße durch die ausländischen Unternehmen geprägt. Quelle: Household Survey (1996)

❸ Ungarn zog in den 1990er Jahren von allen ehemals sozialistischen Ländern das meiste ausländische Kapital an. Umgerechnet auf die Bevölkerungszahl erhielten die Zentralregion (Budapest) und die an Österreich angrenzenden Gebiete am meisten Auslandsinvestitionen.

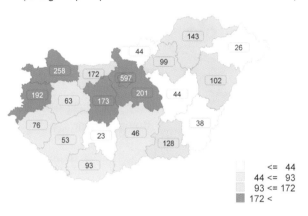

Foreign capital investments relative to population size in Hungary in 1997, broken down by counties
(foreign capital per thousand inhabitans in HUF million)

<= 44	
44 <= 93	
93 <= 172	
172 <	

Source: KSH [Central Statistical Office of Hungary] Budapest

Entgegen der Annahmen der neoklassischen ökonomischen Theorien wurden Arbeitsplätze nicht dort errichtet, wo die Lohnkosten am niedrigsten oder das Arbeitskräfteangebot am höchsten waren, sondern wo es die qualifiziertesten Arbeitskräfte gab und wo die Entscheidungsträger schon zu Zeiten der Planwirtschaft gute Kontakte ins Ausland hatten.

❹ Regionale Unterschiede des Wissens, des Qualifikations- und Ausbildungsniveaus haben ganz wesentlich den schnellen Erfolg oder die zeitliche Verzögerung des Transformationsprozesses bestimmt. In Budapest waren zum Zeitpunkt des Systemwechsels je nach Branche rund 70 bis 90% der Arbeitsplätze für hochqualifizierte Entscheidungsträger konzentriert. Deshalb bot sich diese Region den ausländischen Unternehmen als Standort von Leitungsfunktionen und spezialisierten Dienstleistungen in besonderem Maße an. Die Industriere-

gionen von Gyor und Székesféhervár wiesen hochqualifizierte Facharbeiter auf, die schon relativ früh Erfahrungen mit der Marktwirtschaft sammeln konnten, so daß diese Regionen für ausländische Unternehmen attraktive Produktionsstandorte darstellten und auch als Magnet für Hochqualifizierte aus Ost- und Südungarn wirkten. Ost- und Südungarn sind zudem dadurch benachteiligt, daß es hier einen überdurchschnittlich hohen Anteil von Personen ohne Abschluß einer achtjährigen Grundschule gibt.

Persons who have not attended or completed primary school (1980, 1990)

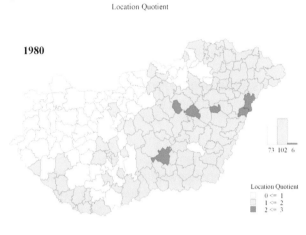

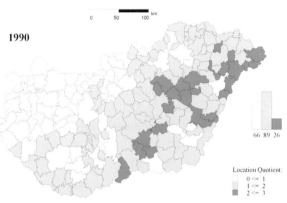

Source: Special computation of Hungarian Census 1980 and 1990

Der Lokationsquotient beschreibt, welche Regionen einen überdurchschnittlich hohen Anteil von Personen ohne Abschluß einer achtjährigen Pflichtschule aufweisen. Werte bis 1 stellen eine positive Situation dar, die dem Durchschnitt entspricht bzw. besser ist als im Landesdurchschnitt. Ein Wert von 2 oder 3 bedeutet, daß der Anteil der Personen ohne Abschluß einer achtjährigen Grundschule doppelt bzw. dreimal so hoch ist als im Landesdurchschnitt.

Neben dem schulischen Ausbildungsniveau gibt es noch zahlreiche andere Arten des „Wissens", z. B. Kenntnisse über das Funktionieren der Marktwirtschaft, Auslandserfahrungen von Führungskräften, das Eingebundensein in wichtige Netzwerke, persönliche Kontakte zu Entscheidungsträgern im Ausland, unternehmerische Traditionen und Wertvorstellungen, die zu regionalen Unterschieden der wirtschaftlichen Leistungsfähigkeit bzw. zum Erfolg des Transformationsprozesses beigetragen haben.

Peter Meusburger
peter.meusburger@urz.uni-heidelberg.de

Sedimentablagerungen von Sulzmuren in Nordwestspitzbergen als holozänes Archiv von extremen Schneeschmelzereignissen

Sulzmuren sind extreme Abflußereignisse zu Beginn der Schneeschmelze in periglazialen Einzugsgebieten. Die wenige Monate andauernde Abflußperiode setzt dabei mit dem schießenden Abfluß ($v>v_{kr}$) eines Gemischs aus Schmelzwasser und Schnee ein, in der Regel verbunden mit einem erheblichen Sedimenttransport. Sulzmuren (*slush torrents*) und das langsame Sulzfließen (*slush flows*, $v<v_{kr}$) werden unter dem Begriff Sulzströme (*slush streams*) zusammengefaßt. Diese Ereignisse sind aus arktischen Regionen bekannt – ihr Vorkommen in Hochgebirgen niederer Breiten wird ebenfalls diskutiert.

In den vergangenen Jahrzehnten sind Sulzmuren vereinzelt bekannt geworden, so z. B. die Sulzmure von 1953, die in Longyearbyen (Spitzbergen) beträchtlichen Schaden anrichtete. Es handelte sich aber eher um seltene Phänomene. Über den Prozeßablauf, die Häufigkeit und Dimension ihres Auftretens war entsprechend wenig bekannt. Im zurückliegenden Jahrzehnt scheint es jedoch vermehrt zum Abfluß von Sulzmuren in arktischen Regionen gekommen zu sein, so z. B. in Nordschweden oder Spitzbergen. Obwohl es sich um witterungsgesteuerte Prozesse handelt, werden sie vor dem Hintergrund eines sich verändernden Klimas in arktischen Regionen intensiv diskutiert.

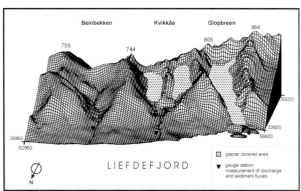

Die drei untersuchten Einzugsgebiete in Nordwestspitzbergen (jeweils etwa 5 km²)

❶ Sulzmuren in Spitzbergen
❷ Untersuchungsgebiete und Geoarchive
❸ Datierungen und Sedimentbilanzierungen
❹ Interpretation der Ergebnisse

❶ Während der drei Expeditionen nach Nordwestspitzbergen 1990 bis 1992 (SPE '90-92) konnten Sulzmuren unterschiedli-

cher Dimensionen dokumentiert werden. Im Jahr 1995 konnte in Nordschweden der Prozeßablauf einer Sulzmure erstmals photographisch und meßtechnisch erfaßt werden (GUDE / SCHERER 1995). Die Spitzbergen-Expedition 1999 hatte daraufhin zum Ziel, aus den korrelaten Ablagerungen Aufschluß zu erhalten über Frequenz und Dimension der Sulzmuren seit der Deglaziation dieses Gebiets. Die Fragestellung war, ob sich aus diesem Geoarchiv eine (aktuell zunehmende?) Frequenz der hochenergetischen Sulzmuren in der hochpolaren Fjordlandschaft des Liefdefjords in Nordwestspitzbergen ablesen läßt.

Kleinere Sulzmure im Kvikkåa-Tal (Anfang Juni 1990)

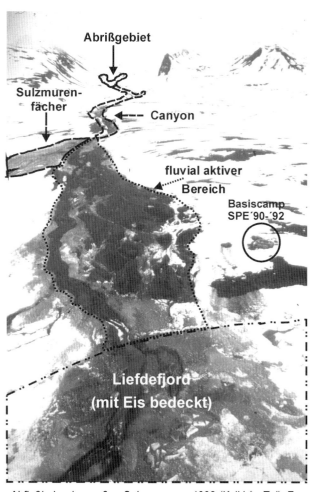

Abflußbahn der großen Sulzmure von 1992 (Kvikkåa-Tal). Zum Größenvergleich dient das Basislager der Expedition (rechts im Bild), bestehend aus mehreren Containern.

❷ In den Einzugsgebieten Beinbekken und Kvikkåa (beide ca. 5 km²) besteht der große Vorteil darin, daß die Schwemmfächer der Sulzmuren (*slush torrent fan*) von dem nachfolgenden Schmelzwasserabfluß nicht ausgeräumt werden und als Geoarchive dienen. Auf beiden Sulzmuren-Schwemmfächern wurden Gruben bis zur Basis der Auftauschicht gegraben, die im August 1999 bis etwa 2 m Tiefe reichte. Am Beinbekken stand zusätzlich ein etwa 200 m langer natürlicher Aufschluß zur Verfügung. Organisches Material zur Altersbestimmung war in den oberen Dezimetern vorhanden, darunter wurden mangels Organik Proben zur OSL-Datierung entnommen, deren Ergebnisse noch ausstehen.

❸ Die ¹⁴C-AMS-Analysen des organischen Materials der Sulzmuren-Ablagerungen am Kvikkåa haben in 25 cm Tiefe Alter zwischen 1.000 cal BP (proximal) und 3.300 cal BP (distal) erbracht. In Anbetracht der Sedimentation bei den jüngsten Ereignissen (z. B. Sulzmure von 1992) erscheint diese Sedimentationsrate sehr gering. Im proximalen Bereich ist sie (erwartungsgemäß) etwa dreimal höher als am distalen Ende, was die Plausibilität der Datierungen unterstreicht.

Beim Beinbekken sind aus der Mitte des Kegels in 18 cm Tiefe Alter von 850 cal BP (Scheitelbereich) bzw. 1.000 cal BP (Randbereich) ermittelt worden, am distalen Ende in 8 cm Tiefe ca. 1.350 cal BP. Auch hier ist erwartungsgemäß die Sedimentation im Wurzelbereich des Schwemmkegels größer als am distalen Ende.

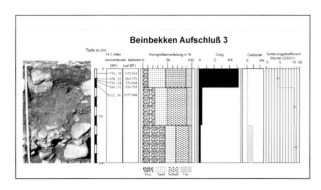

Diese Abbildung zeigt den Aufbau des Schwemmfächers mit den typischen Sulzmuren-Ablagerungen (Beinbekken). Die rechts neben dem Profilphoto aufgeführten Altersdatierungen dienen der zeitlichen Einordnung und der Quantifizierung der jeweils akkumulierten Sedimente.

❹ Generell lassen die Geländearbeiten und Datierungen die folgende Interpretation zu (OSL-Daten stehen noch aus): An beiden Sulzmuren-Schwemmfächern wird von einer Gesamtakkumulation seit etwa 11.000 Jahren von maximal 1,5 bis 2 m ausgegangen. Zwischen 3.500 und etwa 3.200 cal BP war die Sedimentation vermindert (verstärkte Humusbildung), von 3.200 bis etwa 1.400 cal BP erhöhte Akkumulation, nach 1.400 cal BP geringere Akkumulation, nach 600 cal BP Akkumulation wieder zunehmend. Die geringen Sedimentationsraten bestätigen die geschätzten Wiederkehrintervalle für Sulzmuren in Spitzbergen von 50-150 Jahren bzw. 100-500 Jahren, läßt aber noch keine Aussage über eine mögliche Zunahme der Sulzmuren in jüngster Zeit zu.

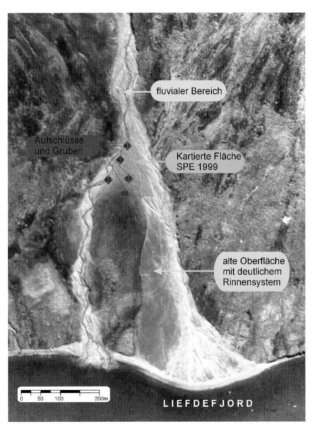

Schwemmfächer am Ausgang des Beinbekken-Tals in den Liefdefjord. An der Wurzel des Schwemmfächers sind die Ablagerungen der Sulzmuren von 1990 und 1992 aufgenommen worden. Hier befinden sich auch die Gruben und Aufschlüsse, um ältere Ablagerungen dieses hochenergetischen Prozesses zu untersuchen.

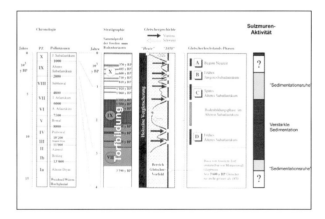

Diese Abbildung zeigt den Zusammenhang zwischen Torfwachstum im Vorfeld des Gletschers Glopbreen (siehe Reliefbild) und den Sulzmuren im Nachbartal Kvikkåa. Die Klimagunst begünstigt das Torfwachstum im Gletschervorfeld und im Nachbartal den Prozeß der Sulzmuren.

Achim Schulte, Gerd Schukraft, Holger Kerkhof und Dietrich Barsch
schulte@geog.fu-berlin.de
nd7@ix.urz.uni-heidelberg.de
Holger.Kerkhof@geo.uni-goettingen.de

Gletschergeschichte in Nordspitzbergen seit der letzten Kaltzeit: Ergebnisse der SPE 99-Expedition

Das nördliche Andréeland (79 bis 80° N, Nordspitzbergen, Svalbard-Archipel) bildet eine nach Norden weisende Halbinsel und ist eines der nördlichsten eisfreien Gebiete der Erde. Hier läuft der „warme" Westspitzbergen-Strom, gespeist vom Golfstrom, aus. Das Gebiet ist damit ein Grenzraum zwischen atlantisch-feuchter und kalt-trockener Hocharktis. Derartige Grenzräume bilden besonders sensibel klimarelevante Veränderungen sowohl in den Hohen Breiten als auch in der thermohalinen Zirkulation des Nordatlantiks ab.

Um die Reaktion des Geoökosystems auf derartige Klimaschwankungen in der Vergangenheit zu untersuchen, war das Andréeland Ziel der Geowissenschaftlichen Spitzbergen-Expedition SPE '99 (Koordination: Prof. MÄUSBACHER, Geogr. Inst. Univ. Jena). Es galt die Deglaziation des Gebiets zu dokumentieren und damit zur Kenntnis des Umweltwandels seit dem Ende des letzten Hochglazials (ca. 20.000 Jahre BP) beizutragen. Hierzu wurden von drei Arbeitsgruppen verschiedene Geoarchive ausgewertet: Seesedimente (Geogr. Inst. Univ. Jena), litorale Sedimente (Geogr. Inst. Univ. Marburg und Bamberg) sowie fluvio-glaziale Ablagerungen und Moränen (Geogr. Inst. Univ. Heidelberg). Im Rahmen des Projekts wurden zudem *slush*-Ablagerungen analysiert (Geogr. Inst. Univ. Heidelberg). Die Untersuchungen sind nicht nur aus landschaftsgeschichtlichen Gesichtspunkten von Interesse, sondern sind auch vor dem Hintergrund der derzeitigen globalen Erwärmung zu sehen. Noch immer ist fraglich, wie viele hochpolare Geoökosysteme auf derartige Klimaveränderungen reagieren.

Während des Hochglazials war das hocharktische Geoökosystem in Nordspitzbergen durch sehr kalte und trockene Bedingungen geprägt. Dies führte dazu, daß sich hier nur eine sehr geringe autochthone Vergletscherung entwickeln konnte. Dies steht im Gegensatz zu weiter südlich gelegenen feuchteren Gebieten auf dem Barents-Schelf und in Skandinavien, wo mehrere 1.000 m mächtige Eiskörper aufgebaut wurden. Vom Barents-Eisschild flossen einige Gletscher auch nach Norden ab, indem sie die tiefen Täler Nordspitzbergens (heute geflutete Fjorde) als Leitbahnen benutzten und nördlich Spitzbergens an der Schelfkante ins Eismeer kalbten. Bei

der Rekonstruktion der Gletscher- und damit auch der Klimageschichte des Gebiets sind die Ablagerungen dieser vom Barentseisschild abkommenden Eismassen von der lokalen Talvergletscherung des Andréelands zu unterscheiden (EITEL et al. 2002).

❶ Maximale Vergletscherung
❷ Bølling-Interstadial
❸ Ältere Dryas-Periode
❹ Allerød-Interstadial
❺ Jüngere Dryas-Periode
❻ Präboreal
❼ Boreal
❽ Atlantikum
❾ Kleine Eiszeit

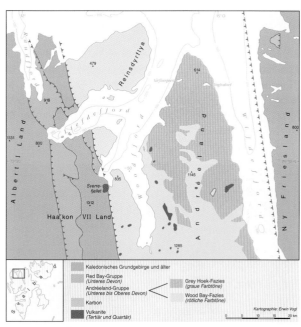

Geologische Übersicht über das nördliche Andréeland, das im Zentrum eines Devon-Grabens liegt. Beiderseits der Halbinsel Wood- und Wijdefjord, in denen im Hochglazial jeweils Auslaß-gletscher des Barents-Eisschilds nach Norden ins Eismeer flossen.

❶ Die maximale Vergletscherung wurde in Nordspitzbergen nicht in der kältesten Phase der letzten Kaltzeit (um 20.000 Jahre BP), sondern erst etwas später um ca. 15.000 Jahre BP erzielt, als aufgrund der allmählichen Erwärmung etwas mehr Feuchtigkeit (warme Luft speichert und transportiert mehr Wasser) auch die europäische Hocharktis erreichte. Im Gegensatz zur Eiszunahme in der Hocharktis zu jener Zeit schmolzen die Gletscher weiter südlich bereits ab und verursachten einen rapiden Meeresspiegelanstieg.

❷ Mit Beginn des Spätglazials im Bølling-Interstadial (nach 15.000 Jahre BP) bewirkte der Meeresspiegelanstieg, daß die großen Auslaßgletscher des Barentseisschilds in den äußeren Fjordbereichen Nordspitzbergens abrupt aufschwammen. Die tiefen Täler (Fjorde) wurden vom Meer geflutet (heute bis > 200 m tief). Dagegen blieben die lokalen Talgletscher der

Andréeland-Halbinsel erhalten. Sie kalbten nun in die tiefen Fjorde.

❸ Auch während des Kälterückschlags in der Älteren Dryas-Periode (um 14.000 Jahre BP) blieben die großen Fjorde eisfrei. Moränen des sogenannten Vårfluesjøen-Stadiums belegen die Reaktion der Andréeland-Talgletscher, die weiterhin in die Fjorde kalbten.

❹ Mit der erneuten Erwärmung und dem Beginn des Allerød-Interstadials schmolzen die Andréeland-Gletscher schnell zurück. Wie marine Ablagerungen belegen, drang das Meer aufgrund des fortgesetzten Meeresspiegelanstiegs nun auch in die Täler der Halbinsel ein. Parallel zur Deglaziation setzt nun auch verstärkt die eisisostatische Landhebung ein. Eine Serie von Strandsedimenten dokumentiert diese Vorgänge.

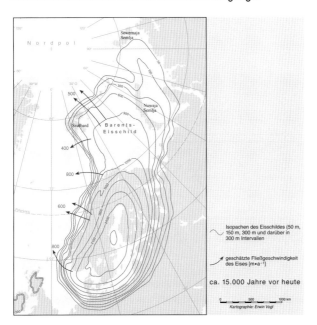

Die Ausdehnung des Barents-Eisschilds in Nordeuropa

❺ Die kalte Jüngere Dryas (12.700 bis 11.600 Jahre BP) läßt sich glazialmorphologisch im Andréeland nicht nachweisen. Lediglich das Aussetzen der Strandwallserie weist auf eine quasi permanente Meereisbedeckung in den äußeren Fjorden hin. Die Ursachen dafür liegen möglicherweise in holozänen Gletscheroszillationen.

❻ Die Erwärmung mit Beginn des Präboreals (frühes Holozän, ab 11.600 Jahre BP) ist glazialmorphologisch in den Tälern des Andréelands bislang nicht faßbar. Die starke Landhebung und die Bildung einer weiteren sehr markanten Strandwallserie (BRÜCKNER / SCHELLMANN / VAN DER BORG 2002) deuten jedoch auf einen jahreszeitlich eisfreien Fjord, während sich das nördliche Andréeland rapide hob und seine während des Allerød-Interstadials gefluteten Täler trocken fielen (MÄUSBACHER et al. 2002).

❼ Am Ende des Boreals (um 8.000 Jahre BP) ist erstmals für Nordspitzbergen ein markanter Gletschervorstoß (Vogtdalen-Stadium) nachzuweisen. Er wird wohl von einer abrupten Unterbrechung bzw. einer verminderten Intensität des Wärmetransports in die europäische Hocharktis verursacht. Dies war eine Folge des Aufschwimmens des Hudson-Labrador-Eisschilds in Nordostkanada und des Ausbruchs großer Massen

Schmelzwassers aus Nordamerika in den Nordatlantik. Dieses vergleichsweise leichte Wasser schwamm wie eine Linse auf dem schwereren Ozeanwasser und blockierte die thermohalin geprägte Nordatlantik-Zirkulation.

❽ Das Kälteereignis dauerte nur etwa 400 Jahre (ca. 8.200 bis 7.800 Jahre BP). Im Atlantikum, dem holozänen Wärmeoptimum, schmolzen die Gletscher sehr schnell und umfassend ab. Ob sie völlig verschwanden, ist nicht bekannt. Auch liegen keine Kenntnisse zum Gletscherverhalten während der folgenden Jahrtausende vor.

❾ Die heutigen Gletscher enden meist noch immer mit der Endmoräne der sogenannten Kleinen Eiszeit (ca. 1350 bis 1850 n. Chr.). Die Erwärmung der letzten 150 Jahre (natürlich und anthropogen verstärkt) hat bislang vor allem zu einem Masseverlust und weniger zu einem Längenverlust der Talgletscher im nördlichen Andréeland geführt. Möglicherweise wurde ein Teil des Eisverlusts (höhere Abschmelzraten) durch verstärkte Niederschläge (intensivierte Schneezufuhr) wieder ausgeglichen.

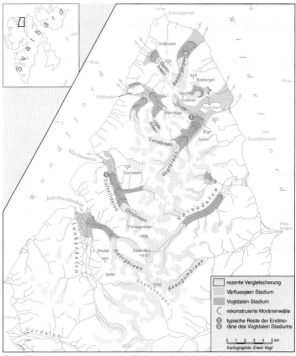

Die Talgletscher des nördlichen Andréelands während des Varfluesjoen- und Vogtdalen-Stadiums

Die Arbeiten wurden von der Deutschen Forschungsgemeinschaft (DFG) unterstützt.

Bernhard Eitel
Bernhard.Eitel@urz.uni-heidelberg.de
Holger Megies
Holger.Megies@urz.uni-heidelberg.de

Der Wiederaufbau des Beiruter Stadtzentrums
Eine politisch-geographische Konfliktforschung

Die libanesische Hauptstadt Beirut war im Verlauf des von 1975 bis 1990 andauernden Bürgerkriegs zu einer von Flüchtlingen bestimmten und fragmentierten, von zahlreichen innerstädtischen Grenzen durchzogenen Stadt geworden. Das Beiruter Stadtzentrum mit seinem Nebeneinander von traditionellen Suqs und modernen Geschäftszentren wurde in Teilen zerstört, da die Hauptkampflinie zwischen christlichem Ost- und muslimischem Westbeirut quer durch die Stadtmitte verlief.

Mit dem Ende der Kampfhandlungen wurden 1990 Planungen zum Wiederaufbau des Stadtzentrums begonnen. Um Platz für einen großzügigen, modernen Wiederaufbau zu schaffen, wurden im Stadtzentrum sehr rasch auch unbeschädigte Gebäude abgebrochen und weite Flächen abgeräumt. Insgesamt wurde bis Mitte der 1990er Jahre, teilweise noch ohne jegliche gesetzliche Grundlage, weitaus mehr Bausubstanz abgerissen als im Bürgerkrieg selbst zerstört worden war. Eine derartige *tabula rasa*-Konzeption mußte natürlich auf Kritik in der Öffentlichkeit stoßen, und es entzündete sich eine heftige Kontroverse zwischen Befürwortern und Gegnern dieser Form des Wiederaufbaus.

❶ Akteure und Interessen
❷ Konfliktfelder
❸ Konfrontation in den Medien
❹ Öffentliche Meinung und Entscheidung

❶ Als wirkungsmächtiger Initiator des Wiederaufbauprojekts im Beiruter Stadtzentrum trat mit HARIRI ein milliardenschwerer Bauunternehmer und späterer Ministerpräsident in Erscheinung, der im Zuge des Konflikts die meisten staatlichen Schlüsselpositionen besetzen und damit weitgehend seine Vorstellungen eines modernen Wiederaufbaus einbringen konnte. Ihm gelang es auch, die privatwirtschaftlich organisierte Wiederaufbaugesellschaft *Solidere* zu gründen und die Enteignung der Mieter und Eigentümer durchzusetzen.

Als Gegenpart zu HARIRI organisierten sich eine Reihe oppositioneller Akteure: verschiedene Bürgerinitiativen der enteigneten Mieter und Eigentümer, eine Denkmalschutzorganisation, ein loser Zusammenschluß von 15 Wissenschaftlern und Planern, einzelne oppositionelle Politiker sowie Künstler und Intellektuelle. Aktiv beteiligt waren darüber hinaus alle im Stadtzentrum vertretenen religiösen Stiftungen und Institutionen sowie als Vertretung der Bürgerkriegsflüchtlinge die schiitischen Parteien *Hisballah* und *Amal* (GEBHARDT / SCHMID 1999; SCHMID 1999; 2002).

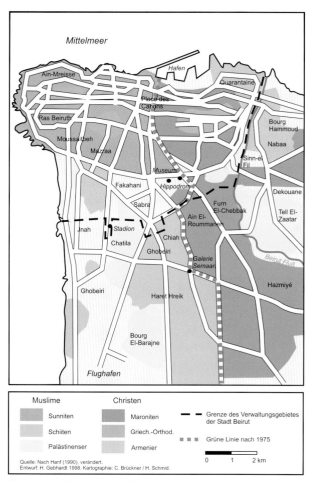

Stadtviertel Beiruts und Wohngebiete der religiösen Gruppen bis 1975

❷ Konflikte zwischen HARIRI und den Oppositionsgruppen entzündeten sich im wesentlichen an den Handlungsfeldern „Enteignung der ehemaligen Eigentümer und Mieter des Stadtzentrums", „Umgang mit dem religiösen Stiftungsbesitz", „Lösung des Flüchtlingsproblems" und „Moderation der Konflikte mit den Kritikern aus der libanesischen Zivilgesellschaft". In allen Fällen erwies sich HARIRI als geschickter Stratege und überlegener Taktiker, der seine Ressourcen und Machtpotentiale zur Lösung des Konflikts in seinem Sinne einzusetzen verstand. Die oppositionellen Akteure konnten sich nur mühsam gegen die Wiederaufbaubemühungen HARIRIS behaupten. Die günstigste Ausgangsposition besaßen die im Stadtzentrum untergekommenen Bürgerkriegsflüchtlinge, aber auch die verschiedenen religiösen Stiftungen im Stadtzentrum – beide konnten eine umfassende Neugestaltung des Stadtzentrums blockieren und wurden im Ergebnis durchweg in ihren Interessen finanziell abgegolten oder über eine Integration in das Wiederaufbauprojekt zufriedengestellt. Die enteigneten Eigentümer und Mieter, aber auch die oppositionelle Gruppe der Wissenschaftler und Planer, konnten dagegen trotz ihrer Aktivitäten gegen das Projekt weitgehend übergangen werden.

❸ Den Projektgegnern gelang es jedoch, eine breitangelegte öffentliche Debatte über den Wiederaufbau anzustoßen und die Bevölkerung hinsichtlich der Ziele und Inhalte des Wiederaufbaus zu sensibilisieren. Erstmals nach 16 Jahren Bürgerkrieg meldete sich wieder die libanesische Zivilgesellschaft zu Wort und bezog öffentlich Stellung. Befürworter und Gegner des Wiederaufbauprojekts standen sich in den Medien gegenüber und versuchten ihre Vorstellung vom zukünftigen Beirut in der Öffentlichkeit mittels einer medialen Inszenierung durchzusetzen. Während die Kritiker einen rekonstruktiven Wiederaufbau forderten und zu einem „Paris des Nahen Ostens" zurückkehren wollten, propagierten die Befürworter um HARIRI ein wirtschaftlich prosperierendes „Hongkong am Mittelmeer".

Die im Stadtzentrum verbliebenen Mieter und Eigentümer wurden enteignet. Quelle: AN-NAHAR (1998)

Die öffentliche Meinung – stark beeinflußt durch die Medien – war der ausschlaggebende Faktor bei der Entscheidung um den Wiederaufbau. Gegner und Befürworter konnten zunächst ihre jeweiligen Vorstellungen mittels ihrer Leitbilder in den Medien gleichberechtigt darstellen. Im Verlauf der medialen Auseinandersetzung um den Wiederaufbau gewann jedoch die Beeinflussung und Beherrschung der Medien zunehmend an Bedeutung. Während die Wiederaufbaugesellschaft *Solidere* für ihre PR-Kampagnen jährlich bis zu vier Millionen US-Dollar ausgeben konnte, standen den Oppositionsgruppen von vornherein nur sehr begrenzt finanzielle Mittel zur Verfügung. Überdies besaß HARIRI einen eigenen Fernsehsender sowie Beteiligungen an zahlreichen weiteren Medienunternehmen. Sukzessive gelang es HARIRI auch, wirtschaftlichen und politi-

schen Druck auf die zunächst sehr offene und vielschichtige Medienlandschaft auszuüben. Zeitungsverlagen und Fernsehsendern, die kritisch über *Solidere* berichteten, wurde mit dem Entzug von Werbeaufträgen gedroht. Eine Schlüsselrolle spielte schließlich die staatliche Neuordnung der libanesischen Medienlandschaft, in deren Zuge die Zahl der Fernsehsender drastisch reduziert und auf regierungskonforme und damit „wiederaufbaufreundliche" Sender beschränkt wurde. Drei nicht selten *Solidere*-kritische Stationen mußten schließen. Die Projektopposition verlor damit weitgehend ihr mediales Sprachrohr und konnte im Kampf um Ziele und Inhalte des Wiederaufbaus öffentlich kaum noch Einfluß nehmen.

Bevölkerungs-befragung	Ergebnis 1996		Ergebnis 1998	
	n	%	n	%
Zustimmung	135	67,8%	264	66,3%
Neutral	29	14,6%	37	9,3%
Ablehnung	35	17,6%	97	24,3%
Insgesamt	199	100,0%	398	100,0%

Das Wiederaufbauprojekt im Stadtzentrum erhielt 1996 und 1998 in Umfragen einen überragenden Zuspruch.

❹ Daß im öffentlichen Diskurs letztlich das Leitbild eines mediterranen Hongkongs die Oberhand gewinnen konnte, hing außer mit der restriktiven Medienpolitik und den finanziellen Ressourcen HARIRIS besonders mit der hohen Akzeptanz des Leitbilds in der libanesischen Nachkriegsgesellschaft zusammen. Die nach 16 Jahren Bürgerkrieg ausgehungerte und wirtschaftlich angeschlagene Gesellschaft war für eine derartig euphorische Inszenierung durchaus anfällig. Die Opposition hielt zwar mit dem alternativen Entwurf eines „Paris des Nahen Ostens" dagegen, doch die weitgehende Fragmentierung und Konzeptlosigkeit der verschiedenen oppositionellen Akteure führte zu einer kaum koordinierten Öffentlichkeitsarbeit. Entsprechend zeigte sich das Meinungsbild in der Bevölkerung. In einer Umfrage wurde das Wiederaufbauprojekt über die Konfessionsgrenzen hinweg außerordentlich positiv bewertet. Und auch wenn in einzelnen Punkten wie der Enteignung der Mieter und Eigentümer Kritik geübt wurde, sprachen sich insgesamt mehr als zwei Drittel der Befragten für den Wiederaufbau durch *Solidere* aus. Durch die mediale Inszenierung eines mediterranen Hongkongs und mit dem überwiegenden Zuspruch der Bevölkerung im Rücken konnte HARIRI letztlich alle wiederaufbaurelevanten Entscheidungen monopolisieren und auch gegen den Widerstand der oppositionellen Akteure durchsetzen.

Heiko Schmid
heiko.schmid@urz.uni-heidelberg.de

Überblick über den Gebäudeabbruch im Beiruter Stadtzentrum

Geographische Konfliktforschung am Beispiel des Beiruter Stadtviertels Zokak el-Blat

Der 16jährige, 1990 beendete Bürgerkrieg im Libanon hat in Beirut nicht nur das Stadtzentrum in Teilen zerstört und es darüber hinaus seiner früheren Funktion als städtische Mitte beraubt, sondern er hat auch die daran angrenzenden Stadtviertel, ihre frühere strukturelle Differenzierung, ihre wirtschaftlichen und sozialen Verflechtungen, Austauschbeziehungen und Aktionsräume der Bevölkerung gekappt und zu Umorientierungen geführt.

Nach einem vorangegangenen Forschungsprojekt zum Wiederaufbau der Innenstadt von Beirut, insbesondere der Akteure und Konfliktebenen des Wiederaufbaus, werden nunmehr in einem interdisziplinären Folgeprojekt Fragen der Baugeschichte, der historischen Sozialstruktur sowie Probleme der Stadterneuerung in einem perizentralen, an die Innenstadt angrenzenden, vom libanesischen Bürgerkrieg ebenfalls heftig betroffenen Stadtviertel in Westbeirut untersucht: Zokak el-Blat.

❶ Untersuchungsgebiet
❷ Ziele des interdisziplinären Forschungsprojekts
❸ Akteure und Konflikte beim Viertelumbau
❹ Das Geographische Informationssystem des Gesamtprojekts

❶ Zokak el-Blat wurde seit der Mitte des 19. Jhs. als erstes Wohngebiet außerhalb der Stadtmauern in Form einer „Gartenstadt" vor allem für wohlhabende Händler und Intellektuelle erschlossen.

Villa aus der osmanischen Periode, Ende 19. Jh.

Neben die erste „Schicht" osmanischer Hallenhäuser traten während der Zeit des französischen Mandats meist vierstöckige Apartmenthäuser, ebenfalls für die wohlhabende, multi-ethnische und religiöse Mittelschicht.

Dieses Nebeneinander sunnitischer, christlicher und armenischer Bewohner zerbrach im libanesischen Bürgerkrieg, als zahlreiche schiitische Flüchtlinge ins Viertel kamen, während

die christlichen Bewohner fast vollständig nach Ostbeirut abwanderten.

Gebäudeensemble aus der französischen Mandatszeit, 1920er und 1930er Jahre

❷ Das Zokak el-Blat-Projekt verfolgt in seinen historisch-baugeschichtlichen Teilprojekten das Ziel, die Baugeschichte des Viertels, die frühere Rolle der dort wohnenden Eliten und die Mikrogeschichte einzelner Ensembles zu rekonstruieren, um daraus Grundlagen und Argumente für einen nachhaltigen Denkmal- und Ensembleschutz in einem sich rasch verändernden innenstadtnahen Viertel zu gewinnen. Die gegenwartsbezogenen Projekte haben zum Ziel, die Umbrüche der Sozialstruktur während des Bürgerkriegs, die aktuellen Interaktionsmuster der Bewohner sowie Akteure und Konflikte des aktuellen Viertelsumbaus zu analysieren, um daraus Schlußfolgerungen für ein künftig konfliktärmeres Zusammenleben in Zokak el-Blat abzuleiten.

Zokak el-Blat: Die Teilprojekte im Überblick

1. Anne Mollenhauer (Baugeschichte/Frankfurt): Die baugeschichtliche Entwicklung von Zokak el-Blat
2. Ralph Bodenstein (Architektur/Berlin): Stadtentwicklung und Mikrohistorie seit dem 19. Jahrhundert
3. Jens Hanssen (Islamkunde/Oxford): Die Medrese des Butrus al-Bustani und andere Schulen in Zokak el-Blat im 19. Jahrhundert
4. Bernhard Hillenkamp (Politologie/Berlin). Zokak el-Blat während des Bürgerkriegs – Mikrokosmos einer Gesellschaft
5. Friederike Stolleis (Ethnologie/Bamberg): Einwohner in Zokak el-Blat nach dem Bürgerkrieg – Bevölkerungszusammensetzung und Interaktionen
6. Andreas Fritz (Geographie/Heidelberg). Geographische Konfliktforschung am Beispiel eines perizentralen Viertels in Beirut. Akteure und deren Strategien im Konflikt um die historische Bausubstanz
7. Oliver Kögler (Geographie/Heidelberg): Ein GIS zum Zokak el-Blat Projekt – ein interdisziplinärer Zugang

---

Wesentliches Ziel des geographischen Teilprojekts ist es, eine systematische Analyse der Konflikte vorzunehmen, zu denen es bei der Diskussion um Erhalt und Abriß der historischen Bausubstanz in den perizentralen Sektoren Beiruts gekommen ist. Dazu ist es notwendig, Handlungsstrategien und Machtpotentiale städtischer bzw. stadtteilbezogener Akteure herauszuarbeiten, um auf dieser Basis Aussagen über realistische Entwicklungspfade für den Wiederaufbau bzw. die Rekonstruktion der perizentralen Viertel in Beirut machen zu können. Mit Hilfe umfassender Medienanalysen (Literatur, Archive, Zeitungsberichte, graue Literatur) und der Auswertung unterschiedlichen Kartenmaterials wurde der Konflikt in seiner historischen Bedeutung erfaßt und rekonstruiert. Dazu dienten auch zahlreiche qualitative Interviews mit den Vertretern der wichtigsten Akteursgruppen.

❸ Nach dem Ende des Bürgerkriegs 1990 führten die rasch ansteigenden Grundstückspreise in Zokak el-Blat, d. h. in der Nachbarschaft des wiederaufgebauten Stadtzentrums, dazu, daß viele historisch wertvolle Gebäude abgerissen und durch ökonomisch lukrative Apartmenthochhäuser ersetzt wurden.

Nach dem Bürgerkrieg erbaute Apartmenthochhäuser.

Denkmalschützer und in NGOs organisierte Gruppen sehen in den alten Gebäuden jedoch ein wichtiges Potential für die Aufwertung dieser Stadtviertel und ein schützenswertes kulturelles Erbe. Durch Öffentlichkeitsarbeit, Demonstrationen, die Erstellung von Studien und der Formulierung von Gesetzvorlagen wurde versucht, dem Abriß entgegenzuwirken und direkten Einfluß auf staatliche Akteure auszuüben. Modifiziert und kompliziert wird der Konflikt um die zukünftige Raumnutzung in Zokak el-Blat durch weitere Akteure und Problemfelder, wie z. B. das Flüchtlingsproblem, komplizierte Erbregelungen, veraltete Mietgesetze, Straßenerweiterungspläne, informelle Einflußnahme und unklare Zuständigkeiten bei den staatlichen Akteuren.

Ein von Denkmalschützern organisiertes ‚Sit-in' gegen den Abriß eines historischen Gebäudes im Perizentrum Beiruts

❹ Für das Gesamtprojekt wird von den geographischen Projektmitarbeitern ein GIS (Geographisches Informationssystem) mit einer stadtteilbezogenen Datenbank erstellt, das auf der Basis einer aktuellen und genauen Karte der Gebäude und Straßenzüge zahlreiche Informationen zu jedem einzelnen Gebäude bereitstellt (Alter, Bauzustand, Nutzung, Bewertung durch die lokalen Denkmalschutzorganisationen, sozialstatistische Daten etc.). Diese Informationen lassen sich beliebig verknüpfen und als thematische Karten darstellen. Weiterhin wurden zahlreiche Photos zu den einzelnen Gebäuden aufgenommen, die sich per Mausklick aufrufen lassen. Die so aufbereiteten Informationen sollen mit Hilfe historischer Karten und von Luftbildern sowie weiterer Ergebnisse des städtebaulichen Teilprojekts um die zeitliche Dimension erweitert werden.

Hans Gebhardt, Oliver Kögler,
Andreas Fritz und Leila Mousa
Kontakt: *okoegler@ix.urz.uni-heidelberg.de*

Forschungen zur strukturellen Persistenz und sozioökonomischen Dynamik der Landwirtschaft in der Westafrikanischen Savanne

Als ein Teilprojekt im interdisziplinären Sonderforschungsbereich 268 der Deutschen Forschungsgemeinschaft „Kulturentwicklung und Sprachgeschichte im Naturraum Westafrikanische Savanne" wird in Zusammenarbeit mit Universitäten in Burkina Faso, Nigeria und Frankfurt/Main von Heidelberger Geographen der Einfluß tradierter sozialgeographischer Strukturen auf die modernen wirtschaftlichen und demographischen Prozesse untersucht. Den naturräumlichen Faktoren und ihrer Veränderung wird hierbei besondere Aufmerksamkeit geschenkt. Im Übergangsraum von der im Süden gelegenen Feucht- zur nördlich anschließenden Trockensavanne begrenzt die halbjährige Regenzeit mit weniger als 1.000 mm Niederschlag die natürlichen Anbaumöglichkeiten. Ein Schwerpunkt der Feldforschungen liegt im Bundesstaat Gombe, Nordostnigeria. Er ist vom Lauf des in den Benue mündenden Gongola umgrenzt. Auf einer Fläche von 16.400 km² stieg die Einwohnerdichte – nicht zuletzt durch Zuwanderung – von 28 Einwohner pro km² (1952) auf 89 im Jahre 1991 an. Im Wanderungsmuster sind kulturelle Gegensätze zwischen dem nördlichen islamischen Kolonisationsgebiet einer agro-pastoralen Fulbe-Aristokratie und den in den gebirgigen Südteil verdrängten animistischen Vorbewohnern festzustellen. Traditionell weiden dort auch nomadische Viehzüchter ihre Rinder und tauschen ihre Produkte mit denen der Feldbauern der Berge. Im Zentrum der Untersuchung stehen folgende Aspekte:

❶ Wirtschaftlicher Wandel im Kolonisationsgebiet der Agro-Pastoralisten
❷ Agrarischer Strukturwandel durch Herabsiedlung
❸ Auswirkungen der Siedlungsprozesse auf die Lage der Viehzüchter

❶ In dem von Fulbe- und Kanuri-Kolonisten besetzten Gebiet entwickelte sich dank der großzügigen Landaufteilung und dem vorhandenen Viehbesitz seit 1946 der Pflugbau. Hierzu ist der nährstoffreiche Tonboden bestens geeignet, der mit der Hacke nur schwer zu kultivieren war. Das Ziel, zur Erhaltung der Bodenfruchtbarkeit die Stallhaltung mit Futterbau einzuführen, gelang nicht, wohl aber konnte der Anbau von Baumwolle für den Export gefördert werden. Die Diskrepanz zwischen sinkenden Exporterlösen für Baumwolle und der hohen Nachfrage nach Nahrungsfrüchten wie Bohnen, Mais und Hirse führte bereits in den 1970er Jahren zu einer Umorientierung auf den nationalen Nahrungsmittelmarkt. Erstmalig zeigt das Projekt den agrarstrukturellen Wandel der Produktion und die Vermarktung

exemplarisch auf. Als neues Element wurde eine erst nach 1960 von moslemischen Pächtern und Neusiedlern angelegte kleinbäuerliche Siedlung in die Untersuchungen miteinbezogen.

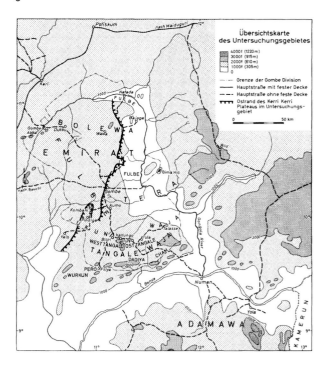

Durch die Untersuchung der lokalen Märkte konnten - neben dem Handelsstrom über lokale Großmärkte mit dem Zielort der nahen Großstadt Gombe - überregionale Großhandelsplätze, wie Kumo und Kwadom (östlich von Gombe) unterschieden werden. Etwa 70% des Warenwerts verläßt dort den Staat Gombe. Die Zielmärkte liegen nicht nur im Norden Nigerias und dem *Middle Belt*, sondern auch im Süden.

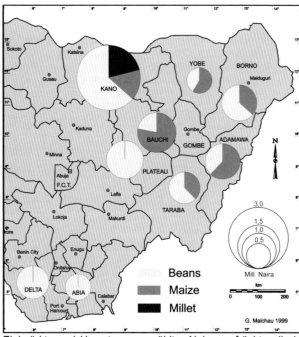

Zielmärkte und Umsatz ausgewählter Nahrungsfrüchte, die in Gombe gehandelt werden

Die flexible Antwort der Kleinbauern auf die gesteigerte Nachfrage der wachsenden Stadtbevölkerung wurde durch die weitgehende Rodung der natürlichen Vegetation ‚erkauft'. Hierdurch und dank der natürlichen Bodenfruchtbarkeit gelang es bisher, trotz fehlenden künstlichen Düngers, sowohl eine stark wachsende Agrarbevölkerung zu binden als auch die überregionale Nachfrage zu befriedigen. Eine verstärkte Bodenerosion weist jedoch auf zukünftige Grenzen hin.

❷ Die im Süden des Gombe-Staats gelegene Tangale-Waja Region ist sozialräumlich dem *Middle Belt* Nigerias zuzurechnen. Zahlreiche einst nur sippenweise organisierte Ethnien (Tangale, Waja, Tula etc.) kontrollieren heute noch den Boden. Sie wurden seit 1945 planmäßig durch die britische Kolonialverwaltung von ihren meist auf Plateaus und Bergkuppen des reich gegliederten Geländes liegenden Siedlungen herabgesiedelt. Dadurch sollten sie den Besitz ihrer ursprünglich periodisch als Außenfelder genutzten Ergänzungsflächen gegen nördliche Zuwanderer sichern. Der Anbau auf Feldterrassen ist mit großem Arbeitseinsatz verbunden. Nur dadurch lassen sich die Felder permanent nutzen, ohne daß sie ihre Fruchtbarkeit verlieren. Vor dem Hintergrund der Modernisierung nimmt ihre Bedeutung heute jedoch zunehmend ab. Vor allem die Möglichkeit, Ochsenpflüge auf den ebenen Feldern einzusetzen sowie eine bessere Verkehrsverbindung zu den Märkten veranlassen einen Großteil der Bevölkerung dazu, sich in den umliegenden Ebenen niederzulassen.

Terrassierter Innenfeldbereich in Tula Wange

Für die Haushalte, die das Plateau nicht verlassen haben, stellt der terrassierte Innenfeldbereich der Frauen eine wichtige Ressource dar. Trotz der im Vergleich zu den Außenfeldern geringen Fläche der Innenfelder liegt hier das Schwergewicht der für die Subsistenz notwendigen Produktion. Bei intensivsten Bewirtschaftungsmethoden werden unter großem Arbeitseinsatz (Kompost und Stallmistgewinnung, Mulch) die höchsten Hektarerträge erzielt. Vor allem der (Arbeits-)Einsatz der Frauen, denen es gelingt, unter den gegebenen ökologischen Voraussetzungen Hackfrüchte in das Kulturpflanzenspektrum einzubauen, ermöglicht das Überleben auf den Bergstandorten. Beim Anbau von Taro – einer kartoffelähnlichen Knollenfrucht – kann die produzierte Masse um eine Zehnerpotenz höher liegen als bei Getreide. Die Abwanderung in die Ebene ist nur möglich, wenn die dort zur Verfügung stehende Fläche ausreicht, um den Verlust der hohen Taro-Erträge zu kompensieren. Dabei gewinnt die Marktproduktion an Bedeutung. Die intensivere Nutzung der Ebenen ist verbunden mit Bodenerschöpfung und Erosion. Die einsetzende Islamisierung beschränkt die Arbeit der Frauen auf das Gehöft. Die von christlichen Missionen eingeführte Schulbildung fördert die Abwanderung der Jugend in die Städte.

Modernisierung in der Tangale-Waja-Region. Viele der Bergbewohner entschließen sich, ihre Bergstandorte zu verlassen, um in den Ebenen die Vorteile des Pflugbaus zu nutzen.

❸ Während einst die Ebenen zwischen den Bergsiedlungen den viehzüchtenden Fulbe bei geringer Bevölkerungsdichte eine ökologische und durch reziproke Beziehungen mit den Bauern sozioökonomische Nische boten, wurde durch das von den Briten eingeführte Territorialprinzip und das Umsiedlungsprogramm das soziale Gleichgewicht zwischen beiden Gruppen gestört. Jedoch trug auch die zunehmende Bedeutung des Feldbaus bei den Fulbe wesentlich zu dieser Entwicklung bei. Ihr Hauptproblem sehen die Fulbe in der Tangale-Waja-Region darin, daß sie keinen Ort finden, an dem sie sich fest niederlassen dürfen. Auch wenn sie ein neues Feld roden und dessen Bodenfruchtbarkeit durch den Dung ihrer Rinder erhöhen, können die Bodenbesitzer das Land als Erbe der Ahnen jederzeit zurückfordern - und tun dies häufig auch. Dadurch können die Fulbe kaum nachhaltigen Nutzen aus dem Dung ihrer Rinder ziehen. Neben Grenzstreitigkeiten geben auch Viehwege zu Futter- und Tränkstellen für die täglich wandernden Rinder und Schafe häufig Anlaß zu Auseinandersetzungen. Die physische Umwelt wird trotz enorm hoher Besiedlungsdichte und intensiver landwirtschaftlicher Nutzung als gut für die Rinderhaltung bewertet; ebenso gilt dies für die Absatzmöglichkeiten von Milchprodukten auf den lokalen Märkten. In Hinblick auf ihr Verhalten bei Konflikten bzw. ihre Konfliktlösungsstrategien passen sich die Fulbe in der Tangale-Waja-Region in das Bild ein, das von Ethnologien über Nomaden gezeichnet wurde: Sie versuchen, Streitigkeiten zu bereinigen und reagieren notfalls mit einer Verlegung ihrer Siedlungen.

Die Bewohner der sozialräumlich unterschiedlich strukturierten Gebiete im Gombe-Staat reagieren im Rahmen ihrer gesellschaftlichen Möglichkeiten und naturräumlichen Gegebenheiten dynamisch auf die von den Briten eingeleiteten ‚Modernisierungsprozesse'. Bei den Kleinbauern des in sich differenzierten moslemischen Kolonisationsraums als auch bei denen des sippenbäuerlichen Gebiets kam es zur Auflösung der Großfamilien; die Bauern in beiden Regionen gingen im unterschiedlichen Maße von der Subsistenz- zur Marktproduktion über. Eine wesentliche Voraussetzung hierfür war die Erschließung neuer natürlicher Ressourcen. Den Agrarproduzenten wird aber keine Möglichkeit gegeben, bei Dauerfeldbau Kunstdünger zu verwenden, um so dem Boden entzogene Nährstoffe zu ersetzen. In den früheren Systemen geschah dies bei den moslemischen Feldbauern durch Brachrotation, bei den Bergvölkern durch Mischanbau mit natürlicher Düngung.

Ulac Demirag, Werner Fricke und Gilbert Malchau
Kontakt: *W.Fricke@urz.uni-heidelberg.de*

Von Menschen verursachtes Gefährdungs-potential durch Überflutungen in einer west-afrikanischen Savannenstadt

Die Emiratsstadt Gombe, Nordostnigeria, wurde von der britischen Kolonialmacht als Verwaltungssitz erst 1919 an diesen Standort verlegt. Die Stadt entwickelte sich als Wirtschaftszentrum in einem neu erschlossenen Baumwollanbaugebiet und erfährt seit 1996 starke Impulse als Hauptstadt eines neu geschaffenen Bundesstaats; die Bevölkerung wuchs von 30.000 im Jahr 1960 auf heute 300.000 Einwohner. Die Stadt Gombe ist ein Beispiel für eine in ihrem rasanten Wachstum wenig gelenkte Stadt in Entwicklungsländern, der sowohl die Informationsgrundlagen und Instrumente moderner Stadtplanung als auch die finanziellen Mittel fehlen.

Durch die Besonderheiten des semi-ariden Klimas verursacht die uneingeschränkte Bewirtschaftung des sich im Gemeinbesitz befindlichen Bodens eine weitgehende Zerstörung der Vegetation. Dies hat zur Folge, daß es in den Siedlungsbereichen im Einzugsgebiet der periodisch fließenden Gewässer zu katastrophalen Überflutungen kommt. Im zunehmenden Maße werden einzelne Stadtteile alljährlich von sturzbachartigen Hochwässern heimgesucht, denen einzelne Menschenleben zum Opfer fallen. Zudem werden große Schäden an der öffentlichen Infrastruktur verursacht, zahlreiche private Häuser der ärmeren Bevölkerung werden zerstört.

In gemeinsamer Feldarbeit von Geomorphologen, Stadt- und Sozialgeographen in dem von der Deutschen Forschungsgemeinschaft finanzierten interdisziplinären Sonderforschungsbereich 268 „Kulturentwicklung im Naturraum Westafrikanische Savanne" wurden diese Entwicklungen untersucht.

❶ Gebäude- und Sozialstruktur in Gombe
❷ Gully-Bildung und Gully-gefährdete Areale
❸ Gebiete hoher Verwundbarkeit (*vulnerability*)
❹ Maßnahmen der Gefahrenabwehr

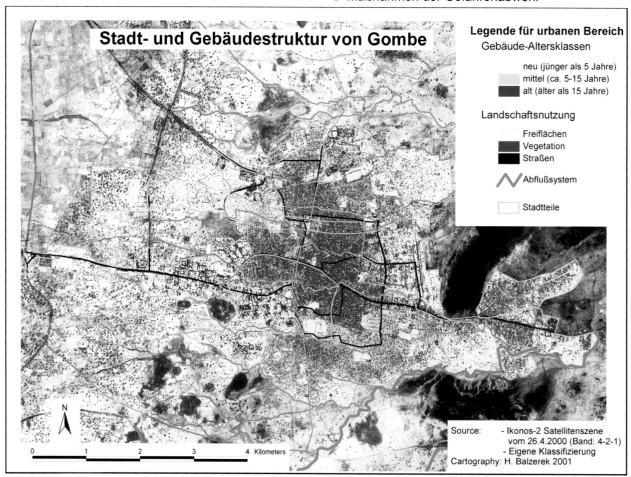

Stadt- und Gebäudestruktur von Gombe

Legende für urbanen Bereich
Gebäude-Altersklassen

neu (jünger als 5 Jahre)
mittel (ca. 5-15 Jahre)
alt (älter als 15 Jahre)

Landschaftsnutzung

Freiflächen
Vegetation
Straßen

Abflußsystem

Stadtteile

0   1   2   3   4 Kilometers

N

Source: - Ikonos-2 Satellitenszene
vom 26.4.2000 (Band: 4-2-1)
- Eigene Klassifizierung
Cartography: H. Balzerek 2001

❶ Mit Hilfe des im Frühjahr 2000 erstmals eingesetzten Satelliten IKONOS konnte schon im Mai 2000 der Stand der Stadtentwicklung von Gombe festgehalten werden. Seine Farbkanäle bieten eine räumliche Auflösung von 4 x 4 m, bzw. 1 x 1 m im panchromatischen Bereich. Im blauen Spektralbereich sind die aufgrund ihres Alters unterschiedlich abstrahlenden rostigen Wellblechdächer hilfreich für eine Altersklassifikation der Baugebiete. Rot wird die im infraroten Bereich reflektierende Vegetation, gelb die Bodenoberfläche mit trockener Grasbedeckung abgebildet. Schwarz erscheinen das Straßennetz und der im Osten aufragende Granithügel (774 m) sowie kleinere Zeugenberge einer im Westen liegenden Schichtstufe (550 m).

❷ Im wintertrockenen Savannenklima erhält Gombe durchschnittlich 835 mm Niederschlag/Jahr. Obwohl die Hauptmenge des Niederschlags im Juli und August fällt, sind heftige Niederschlagsereignisse im Mai entscheidend für das Flutrisiko, da dann ein großer Teil des Bodens in der quasi-natürlichen Savannenwaldung noch nicht mit Vegetation bedeckt ist. Der Vergleich einer IKONOS-Aufnahme mit einer Corona-Szene von 1968 zeigt, daß ein Forstgebiet von 6 km² und 20 km² einstiger Savanne mit vereinzelten Rodungen durch Feuerholzerwerb inzwischen vernichtet, d. h. zu baumlosen Ackerflächen bzw. Bauland umgewandelt wurden. Durch das rasche Städtewachstum dehnte sich die versiegelte Fläche auf 10 km² aus, und da eine Kanalisation weitgehend fehlt, wird die Gullybildung im Ort durch den ausschließlich oberflächlichen Abfluß verstärkt (BALZEREK 2001).

❸ Eine sozialgeographische Gliederung der 32 Stadtbezirke mit Hilfe der Faktorenanalyse beruht zum einen auf der kartographisch erfaßten Gebäudestruktur und Bebauungsdichte, zum anderen auf einer systematischen Stichprobe - Befragung, bei der die Sozialstruktur der Haushalte sowie deren technische und sanitäre Ausstattung ermittelt wurden. Die einkommensschwache Bevölkerung (untere Sozialschicht) wohnt in der Altstadt und den spontan besiedelten Stadtvierteln am nördlichen und südlichen Stadtrand. War bei der Siedlungsgründung der Zugang zu saisonalen Gewässern und Brunnen wichtig, so werden heute diese Standorte durch Erosionsrinnen von 30 bis 75 m Breite und 5 bis 18 m Tiefe gefährdet. Die Tiefenerosion und der rasche oberflächliche Abfluß verhindern die Wiederauffüllung der lokalen Brunnen und lassen sie versiegen. Während die High-Standard-Wohngebiete an das rudimentäre Wasserleitungsnetz angeschlossen sind und durch Tankwagen aus einer 12 km entfernten artesischen Quelle zusätzlich versorgt werden können, müssen sich die Bewohner der Low-Standard-Wohngebiete ihr Wasser teuer von ambulanten Kleinhändlern kaufen, oder sie schöpfen es aus den Gullies. Der Wasserverbrauch beträgt in diesen Wohnvierteln nur 27 l pro Person/Tag und liegt damit deutlich unter dem Wert, den die Weltbank als Minimum erachtet (60 l pro Person/Tag). Eine Folge des Wassermangels sind fehlende Hygiene und daraus resultierend ein erhöhtes Auftreten von Durchfallerkrankungen, Cholera und Tuberkulose sowie eine erhöhte Säuglingssterblichkeit. Ungesunde Wohnverhältnisse und eine schlechte Ernährungslage verschärfen die Situation.

❹ Eine der wichtigsten und effektivsten Maßnahmen zur Minderung des Flutrisikos besteht darin, das die Hänge herabschießende Wasser durch bepflanzte Querriegel und kleine Überlaufbecken aufzuhalten. Durch die Anlage von Zisternen

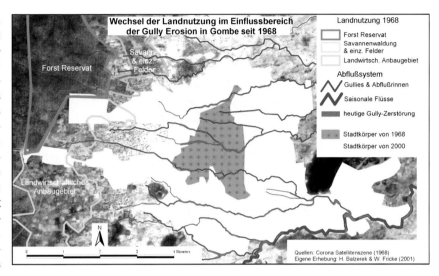

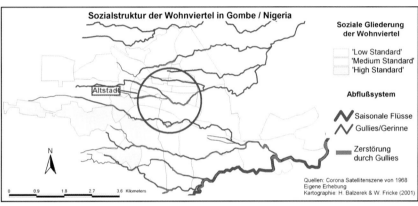

für das von den Dächern abfließende Regenwasser werden die Abflußspitzen verringert und zusätzliches Brauchwasser bereitgestellt. Eine reguläre Wasserver- und -entsorgung bleibt jedoch weiterhin dringend erforderlich. Die bisherige Sicherung von Einzelobjekten durch Faschinen und Steinpackungen gegen Überflutung und Unterschneidung hat selten zwei Regenzeiten überdauert. Auch die von der Verwaltung vorgesehenen Betoneinfassungen der Gullies haben nur eine geringfügig längere Lebensdauer, da auch sie der Gefahr der Unterspülung ausgesetzt sind. Diese Maßnahmen können somit nur Zwischenlösungen sein. Die Flutgefährdung von Wohnvierteln einkommensschwacher Bevölkerungsgruppen tritt in tropischen Entwicklungsländern nicht nur im Savannenklima Westafrikas, sondern überall dort auf, wo die bisherige klein gekammerte Nutzung durch großflächige Beseitigung der naturnahen Vegetation abgelöst wird.

Heiko Balzerek, Werner Fricke, in Zusammenarbeit mit Jürgen Heinrich, Klaus Martin Moldenhauer und Markus Rosenberger
Kontakt: W.Fricke@urz.uni-heidelberg.de

Landschaftswandel im nördlichen Namibia

Im Norden Namibias, im Großraum Otjiwarongo (tropisches Sommerregenklima mit ca. 400 mm Niederschlag pro Jahr; ca. 1.600 m NN) treten verbreitet sehr dunkle, humose Böden (Vertisol-Kastanozem-Calcisal-Gesellschaften) auf. Diese vergleichsweise fruchtbaren Böden, vor allem die eigentlich steppentypischen Kastanozems, sind ansonsten in den südlichen Randtropen Afrikas kaum anzutreffen. Die hohen Gehalte an humifizierter organischer Substanz in den Böden sind nicht mit dem derzeitigen Vegetationsbestand der Dornstrauchsavanne erklärbar. Dornsträucher, vorwiegend *Acaciae*, liefern viel zu wenig Streu. Die humosen Böden sind daher Vorzeitbildungen und belegen einen umfassenden Umweltwandel im nördlichen Namibia. Die veränderten geoökologischen Bedingungen werden auch durch die Tatsache deutlich, daß die Böden Anzeichen starker Degradation und Zerstörung aufweisen. So sind sie in den Tiefenlinien nicht nur bis zu ca. 80 cm mächtig von Hangsedimenten (Kolluvien) bedeckt, sondern unterliegen rezent starker Erosion, die zu bis zu 5 m tiefen Rinnen und verzweigten Badlandsystemen geführt hat.

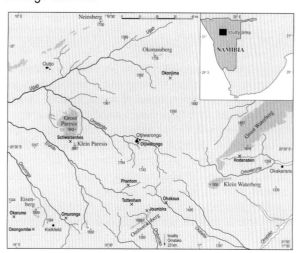

Lage des Arbeitsgebiets im Norden von Namibia mit den wichtigsten Untersuchungslokalitäten (Kreuze)

Es stellen sich die Fragen, wie alt die Böden sind, wann der Umweltwandel eingesetzt hat und wie er abgelaufen ist. Umfangreiche geomorphologische und bodenkundliche Untersuchungen, Kohlenstoff-Isotopenanalysen und Radiokohlenstoff-Datierungen der organischen Bodensubstanz sowie OSL-Datierungen der Decksedimente wurden hierzu durchgeführt. Sie ergaben ein überraschend junges Alter der humosen Böden und Decksedi-

mente und damit auch des Umweltwandels. Die Arbeiten ermöglichen erstmals eine vergleichsweise präzise Unterscheidung der Teilprozesse des Ökosystemwandels in den Savannenlandschaften des nördlichen Namibia (EITEL et al. 2001; EITEL / EBERLE 2001; EITEL / ZÖLLER 1996).

① Wandel der Savanne
② Bodenerosion
③ Wasserhaushalt
④ Gegenstrategien

① Es kann gezeigt werden, daß bis in die Mitte des 19. Jhs. im Großraum Otjiwarongo eine offene Grassavanne dominierte, die zu den bis über 1 m mächtigen humosen Horizonten in den Böden geführt hat. Eine erste gravierende Ökosystemveränderung setzte bereits vor der Kolonisierung durch deutsche Siedler (also vor etwa 1890) ein. Sedimentologisches Kennzeichen hierfür sind die Kolluvien. Die Ursache der Kolluvienbildung war höchstwahrscheinlich eine Zunahme der Bevölkerung der seit etwa 200 bis 300 Jahren eingewanderten Herero mit der damit verbundenen Intensivierung der Weidewirtschaft. Dies führte zu dem Wandel von einer offenen Savanne mit dichter Grasdecke zu einer Dornstrauchsavanne mit lückenhafter Grasdecke (Verbuschung), in der die sommerlichen Starkregen die Hänge abspülen konnten.

Vertic Kastanozem (Farm Schwarzenfels). Derartige humose, eigentlich eher steppentypische Böden sind sehr fruchtbar und bilden unter anderem beste Weideflächen im Großraum Otjiwarongo.

Erosionsrinnen bei Farm Phantom. Deutlich die degradierte Vegetationsdecke und die Erosion der Vertisols und Kastanozems.

❷ Gegen Ende des 19. Jhs. wurde der Druck auf das Savannenökosystem noch stärker, als deutsche Siedler die Weidewirtschaft weiter intensivierten. Hinzu kommt, daß vor allem die Elefanten in der Region nahezu völlig ausgerottet wurden, weil sie die Weidezäune zerstörten. Damit wurde aber der Verbuschung weiter Vorschub geleistet. Noch zur Zeit der Farmvermessung an der Wende vom 19. zum 20. Jh. waren in den Flachmuldentälern der nordnamibischen Hochfläche *Omuramben* (flache, kaum eingetiefte Abflußbahnen) ausgebildet und die heutigen, rinnenförmigen ephemeren Trockenflüsse (*Riviere*) noch nicht entwickelt. Diese bildeten sich – wie Berichte belegen – in den folgenden 25 Jahren durch vermehrten Oberflächenabfluß und intensive Bodenerosion.

❸ Diese Vorgänge sind bis heute völlig in Vergessenheit geraten, und die rinnenförmigen *Riviere* wurden als Teil des natürlichen Landschaftsinventars angesehen. Die starke Einschneidung und Gerinnebildung führte zu vermehrter Drainage der Bodendecke und reduzierte damit die Wasserrückhaltefähigkeit. Der resultierende Aridisierungseffekt ist damit nicht auf einen Klimawandel, sondern in erster Linie auf den anthropogen ausgelösten Ökosystemwandel zurückzuführen, den pastorale Viehzüchter (Bantu) ebenso wie europäische Siedler vor allem im 19. Jh. und zu Beginn des 20. Jhs. bewirkt haben. Mit den landschaftsökologischen Folgen haben heute beide Volksgruppen in Namibia zu kämpfen.

❹ In Gebieten intensiver Bodendegradation und Erosion sind die Böden irreversibel geschädigt. Dies ist besonders schlimm, da die humosen Böden sehr nährstoffreich sind. Dort, wo die Zerstörungsprozesse der Pedosphäre noch nicht so weit fortgeschritten sind und bislang vor allem die Vegetation Degradationserscheinungen aufweist, kann der Umweltwandel – allerdings nur mit großem Aufwand – durch (bevorzugt mechanische, nicht chemische) Entbuschung und Reduzierung der Bestockungsdichte bei moderner Kampwirtschaft aufgehalten und lokal sogar rückgängig gemacht werden. Die Gräser erhalten so die Chance, sich wieder flächendeckend zu entwickeln und sich gegenüber den Büschen durchzusetzen.

Anthropogen entbuschtes Weidekamp. Die Grasdichte ist gut restauriert. Gegebenenfalls muß nachgesät werden, um die Vielfalt der Gräser wieder herzustellen. Der Termitenbau belegt die Anwesenheit der fruchtbaren Kastanozems. Im Hintergrund die verbuschte Savanne mit vorherrschendem Acaciae-Bewuchs und reduzierter Dichte der Grasdecke.

Die Arbeiten wurden von der Deutschen Forschungsgemeinschaft (DFG) unterstützt.

Bernhard Eitel
bernhard.eitel@urz.uni-heidelberg.de

Namib und West-Kalahari: Umweltgeschichte der letzten 20.000 Jahre in Namibia

Namibia liegt im trockensten Teil des süd-afrikanischen Subkontinents. Drei klimarelevante Systeme beeinflussen das Gebiet:

➤ Episodische Kap-Tiefdruckgebiete streifen im Winter gerade noch den Süden Namibias.

➤ Den Westen prägt die Namib-Küstenwüste, die durch die kalte Auftriebszirkulation (sogenannter Benguela-Strom) in einem ca. 100 km breiten Streifen vor der Küste verursacht wird.

➤ Der weitaus größte Teil des Binnenhochlands (westliche Kalahari) liegt im Bereich von monsunalen tropischen Sommerregen mit hoher raumzeitlicher Variabilität, deren Menge und Verläßlichkeit von Nordoste nach Südwesten von >600 mm Niederschlag pro Jahr auf unter 150 mm nachläßt.

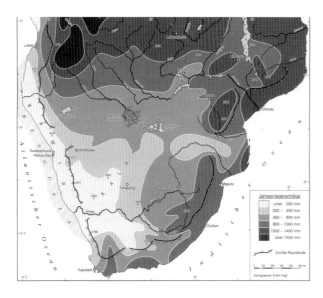

Niederschlagsverteilung im südlichen Afrika. Deutlich erscheinen die ariden Kernräume im südwestlichen Afrika (Namib-Küstenwüste und Südwest-Kalahari).

Ziel des internationalen *Past Global Changes* (PAGES)-Programms ist *Learning from the Past*, d. h. es gilt vor dem Hintergrund aktueller Klimaveränderungen vergangene Schwankungen in verschiedenen Gebieten der Erde zu rekonstruieren. Durch Verknüpfung der Untersuchungsergebnisse aus verschiedenen Regionen will man die klimatischen Prozesse der Vergangenheit verstehen lernen und die Reaktion der Geoökosysteme auf Klimaschwankungen rekonstruieren. Hierzu sind Trockengebiete bzw. Übergangsräume wie Wüstenränder beson-

ders gut geeignet, da sie sehr sensibel auf Veränderungen der Ökosystemparameter reagieren. In den subtropisch-randtropischen Trockengebieten steht nicht die Temperaturveränderung im Zentrum des Interesses. Klimaschwankungen äußern sich hier vor allem in Form hygrischer Fluktuationen. Mit dem Projekt wird versucht, die Reaktion der Ökosysteme im südwestlichen Afrika auf die klimatischen Veränderungen seit dem letzten Hochglazial vor ca. 20.000 Jahren zu rekonstruieren (EITEL / BLÜMEL 1997; EITEL / BLÜMEL / HÜSER 2002).

Im südwestlichen Afrika ist dies besonders schwierig,

➤ da es sich um eines der ältesten Trocken-gebiete der Erde handelt (seit mindestens 10 Mio. Jahren),

➤ da wenig datierbares Material zu finden ist (Holz wird von Termiten gefressen, Knochen von Raubtieren),

➤ da sich die Datierung von pedogenen Carbonaten als wenig verläßlich erwiesen hat.

❶ Optische Datierung
❷ Hygrische Veränderungen
❸ Fazit

❶ Ein neuer Ansatz stellt die optische Datierung von Sanden und Staub (äolische und fluviale Schluffe) dar. Damit gewinnt die Geomorphologie, die sich mit den das Relief formenden Prozessen und ihren Produkten (Sedimenten) befaßt, an großer Bedeutung. Sediment-Boden-Profile werden so zu umweltgeschichtlichen Archiven, die mit geowissenschaftlichen Methoden ausgewertet werden (Geo-Archive).

❷ In Namibia wurden in den letzten acht Jahren in fast allen Landesteilen solche Untersuchungen durchgeführt. Dabei wurden Dünen in der Südwest-Kalahari, dem ariden Kernraum des subkontinentalen Binnenbeckens, ebenso untersucht wie schwemmlößartige Talfüllungen am Namib-Ostrand. Aus diesen Daten läßt sich ein erstes Bild von den hygrischen Veränderungen zeichnen, die das südwestliche Afrika in den letzten 20.000 Jahren erfaßten:

Im letzten Hochglazial (Last Glacial Maximum, LGM) vor etwa 20.000 Jahren war nahezu das gesamte südwestliche Afrika wüstenartig. Die Kaltphase äußerte sich wie vielerorts auf der Erde als Trockenperiode. Nur im äußersten Nordosten Namibias (Caprivi-Zipfel) war eine Savanne entwickelt.

Der globale Temperaturanstieg am Ende des Pleistozäns führte allmählich zu feuchteren Bedingungen. Immer wieder von schwachen hygrischen Fluktuationen unterbrochen, drangen die feuchttropischen Sommerregen doch stetig weiter nach Westen und Südwesten vor. Um etwa 14.000 Jahre vor heute entwickelte sich auch schon im zentralnamibischen Hochland (um das heutige Windhoek) eine Savanne.

Schwemmlößartige Beckensedimente im Damaraland (Nordwestnamibia). Die Datierung und Auswertung derartiger Geo-Archive trägt zur Rekonstruktion der Landschaftsgeschichte bei. Seit etwa 8.000 Jahren werden die Sedimente aufgrund feuchterer Bedingungen, die mehr Abfluß ermöglichen, wieder erodiert.

Erst vor etwa 9.000 bis 8.000 Jahren erreichten die feuchteren Luftmassen jahreszeitlich auch den heutigen Namib-Ostrand und die Südwest-Kalahari und leiteten eine mittelholozäne Feuchtphase (semiarides Savannenklima) ein. Sie fällt mit dem globalen nacheiszeitlichen Temperaturoptimum (Holocene Altithermal, HA) zusammen.

Ab etwa 4.000 Jahre vor heute sind Anzeichen für eine deutliche Aridisierung festzustellen, die zu der rezenten Niederschlagsverteilung überleitet.

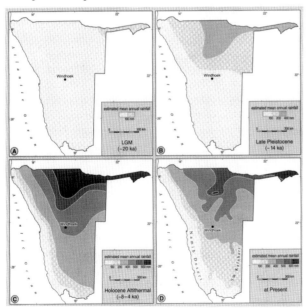

Rekonstruktion der Niederschlagsverteilung in verschiedenen Phasen der letzten ca. 20.000 Jahre, d. h. seit dem letzten Hochglazial, LGM

❸ Eine globale Abkühlung führte in der Vergangenheit zur Ausdehnung der Wüsten im südwestlichen Afrika, eine Erwärmung zu feuchteren Bedingungen.

Damit waren intensive Ökosystemveränderungen verknüpft, die allerdings nie den arid-semiariden Rahmen verließen. Die Veränderungen spielten sich immer zwischen Wüste und semi ariden Savannen-Ökosystemen unterschiedlicher Ausprägung (im Nordosten feuchter, im Südwesten trockener) ab.

Aus vielen Regionen der Erde sind jungquartäre Klimaschwankungen belegt, die abrupt (innerhalb weniger Jahrzehnte für wenige Jahrhunderte) erfolgten. Im südwestlichen Afrika weist die Mehrzahl der Indizien eher auf allmähliche Klimaübergänge (*Climatic Transitions*) als auf plötzliche Klimaausschläge (*Climatic Changes*) mit dem damit verbundenen Ökosystemwandel hin.

Bernhard Eitel
Bernhard.Eitel@urz.uni-heidelberg.de

Rutschungen im zentralen Nepal-Himalaya

Rutschungen (umgangssprachlich „Erdrutsche") als eine der wichtigsten Naturgefahren haben in den letzten Jahren weltweit gestiegene Aufmerksamkeit erfahren. Nepal gehört zu den Ländern, in denen Rutschungen die erste Stelle unter den Naturgefahren einnehmen (KRAUTER 1994). Rutschungen fordern in den dicht besiedelten Tälern jährlich hunderte Todesopfer und verursachen große materielle Schäden. Der nepalische Himalaya zeichnet sich durch eine junge Geologie aus – ausgedehnte Gebiete sind aus leicht erodierbaren Gesteinen aufgebaut, häufige Erdbeben und die andauernde Hebung des Himalaya beeinträchtigen die Stabilität der meist sehr steilen Hänge. Die heftigen Sommermonsunniederschläge verstärken diese Tendenz. Gleichzeitig befindet sich dort aber eine hochentwickelte Kulturlandschaft mit ausgeklügelten Terrassensystemen, die eine große Bevölkerungsdichte ermöglicht. Im Zentrum dieser Untersuchung steht eine umfassende Bewertung der Rutschungen als dominanter Umweltfaktor im Arbeitsgebiet und die Analyse der Veränderungen der natürlichen Rahmenbedingungen durch den wirtschaftenden Menschen.

Birauta-Rutschung – eine aktive Rutschung zerstört langsam Ackerterrassen, die ihrerseits auf fossilem Rutschungsmaterial angelegt wurden. Photo: OTTINGER (1999)

❶ Topographische Lage
❷ Ursachen und Folgen der Rutschungen
❸ Fallbeispiel: Tatopani-Rutschung

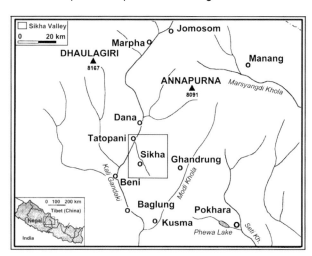

Topographische Lage des Untersuchungsgebiets im südwestlichen Annapurna-Massiv, Zentralnepal

❶ **Hauptarbeitsgebiet** ist das Sikha Valley, ein östliches Seitental des Kali Gandaki Valley. Es liegt in Zentralnepal an der Südseite des Annapurna-Massivs (8.091 m) und damit an der monsunzugewandten Seite des Hochhimalaya. Das Gebiet reicht mit seiner Höhenlage zwischen 817 und 4.703 m vom subtropisch geprägten Reisland über die gemäßigte Zone und die montane Stufe bis in die alpine Stufe hinein.

❷ Mit wenigen Ausnahmen betrachtet die Forschung bisher Rutschungen ausschließlich unter dem Gesichtspunkt der Zerstörungen, die sie in der Landschaft anrichten. Die eineinhalbjährigen Feldforschungen zu dieser Studie (zwischen März 1997 und November 1999) ermöglichen eine komplexere Betrachtung der Zusammenhänge zwischen den wirtschaftlichen Aktivitäten der lokalen Magar-Bevölkerung und den sehr dynamischen natürlichen Prozessen der Rutschungen. Die Studie gelangt so zu einer neuen Sicht auf Rutschungen, die diese als einen Bestandteil der Kulturlandschaft anerkennt. Rutschungsflächen, die im Arbeitsgebiet ein beträchtliches Areal einnehmen, sind nicht nur Ödland, sondern werden in die Nutzung integriert. Das Auftreten zahlreicher Rutschungen stellt also nicht zwangsläufig eine Krisensituation dar. Schon IVES / MESSERLI (1989; 2001) wiesen darauf hin, daß bei sorgfältiger Terrassierung und Bewässerung auch eine intensive Kultivierung der Hänge nicht zu Rutschungen führt.

Rutschungen können neben ihrem offensichtlichen Gefahrenpotential auch positive Folgen für die Menschen haben, was sie grundsätzlich von anderen Naturgefahren unterscheidet. Fossile Rutschungen haben eine Besiedlung des Himalaya oft erst möglich gemacht, indem sie die Hangneigung der ansonsten sehr steilen Bergflanken verringert haben. Akkumulationsbereiche inaktiver Rutschflächen bilden dank ihrer hervorragenden Bodeneigenschaften bestes Ackerland, das im Zentralhimalaya bei günstigem Klima vor allem für den Reisanbau genutzt wird. Frische Rutschflächen werden rasch von besonders schnellwüchsigen Erlen (*Alnus nepalensis*) kolonisiert und liefern dann große Mengen Brennholz (wichtigste Energiequelle in weiten Teilen Nepals). Rutschflächen werden daneben auch als Weidegebiete und Bausteinlieferanten genutzt. Mittel- oder langfristig werden sie nach Möglichkeit rekultiviert und sind dann oft schon nach wenigen Jahren nicht mehr als solche erkennbar.

❸ Am 26.09.1998 löste sich in den frühen Morgenstunden in Tatopani Bazar am Kali Gandaki (1.220 m) ein 540 m hoher Teil eines Felssporns, der in die Kali Gandaki-Schlucht hineinragt, und rutschte ins Flußbett. Die Rutschmassen blockierten die Schlucht und stauten den Kali Gandaki auf. Der so entstandene Stausee überflutete dann fast das gesamte Dorf. Erst gegen Abend durchbrach der Kali Gandaki den aus Rutschmaterial bestehenden 32 m hohen Damm.

Tatopani-Rutschung am Kali Gandaki vom September 1998. Photo: OTTINGER (1998)

Rutschungen dieser Größe haben in der Regel mehrere Ursachen, die zusammenwirken. Obwohl die Tatopani-Rutschung (Felsgleitung) während der Monsunzeit abging, wurde sie nicht durch ein starkes Regenereignis ausgelöst; vor dem 26.09. hatte es kaum geregnet. Tatopani liegt in einem Gebiet mit hoher Erdbebentätigkeit, die Rutschung war jedoch auch nicht direkte Folge eines Erdbebens. Häufige Erschütterungen setzen allerdings langfristig die Kräfte herab, die für den inneren Zusammenhalt des Gebirges verantwortlich sind. Hauptsächlich sind die Lagerungsverhältnisse der Gesteine für den Abgang der Rutschung verantwortlich. Die dominierende Phyllit-Quarzit-Abfolge ist sehr instabil. Als Auslöser kann der hohe Porenwasserüberdruck, der sich im Gebirgskörper über die Monsunzeit kontinuierlich aufgebaut hatte, angenommen werden. Hangfußunterschneidung durch den hochwasserführenden Kali Gandaki ist auch nicht auszuschließen. Der

menschliche Einfluß beschränkt sich auf die Kultivierung der flacheren Hangbereiche oberhalb der Krone der Rutschung und auf das Abbrennen der steilen Grashänge, was langfristig zur Zerstörung der Vegetation führt, so daß Regenwasser ungehindert in den Hang eindringen kann.

Die in der Monsunzeit durch Rutschungen stark beschädigte Straße Pokhara-Butwal. Photo: OTTINGER (1999)

Im Laufe der Untersuchungen wurde festgestellt, daß der Beitrag der Rutschungen zur Landschaftsentwicklung beträchtlich ist. Eine genaue Unterscheidung zwischen natürlichen und anthropogenen Ursachen der Rutschungen ist nicht in jedem Falle möglich (meistens wirken mehrere Faktoren gleichzeitig). Es wurde jedoch deutlich, daß die natürlichen Ursachen im Arbeitsgebiet bei weitem überwiegen. Dagegen fallen Walddegradation und unkontrollierte Beweidung als Rutschungsursachen weniger stark ins Gewicht. Untersucht wurden auch die aktuellen Tendenzen der Rutschungsentwicklung. So hat sich die Rutschungsaktivität im Sikha Valley in den letzten Jahrzehnten nicht wesentlich verstärkt. Die Situation erscheint heute sogar besser als z. B. noch in der ersten Hälfte der 1980er Jahre. Die meisten größeren Rutschungen sind seitdem zumindest teilweise durch Vegetation stabilisiert. Heute überwiegen im Sikha Valley *high frequency / low magnitude*-Ereignisse. Die Tatopani-Rutschung als ein *low frequency / high magnitude*-Ereignis ist eher für die großen Himalayaquertäler als für kleinere, sekundäre Einzugsgebiete typisch.

Peter Christian Ottinger
p.ottinger@web.de

Umweltkonflikte in Nordostthailand: Zerstörung des tropischen Regenwalds, Staudammbau, industrielle Umweltbelastung

Nordostthailand (Isan) ist mit einer Fläche von 200.000 km² und einem Drittel der Gesamtbevölkerung Thailands die größte und zugleich wirtschaftliche rückständigste Region des Landes (REUBER 1999). Bis in die Zeit des Vietnamkriegs überwand nur eine Eisenbahnlinie und der von den Amerikanern gebaute „Friendship Highway" die trennenden Gebirgsketten. Entsprechend weit entfernt waren für die Bewohner des Nordostens die Hauptstadt Bangkok und ihre Einflüsse, intensiver dagegen die ethnischen und politischen Beziehungen zu den nahe gelegenen Nachbarstaaten Laos und Kambodscha. Während des Vietnamkriegs waren große Teile des Nordostens politisch durch kommunistische Gruppen und Guerillas beeinflußt, ein Faktor, der die infrastrukturelle Entwicklung und anschließende zentralstaatliche Durchdringung des Nordostens ganz wesentlich bestimmte. Mit der Bekämpfung der ‚Kommunisten' in den Waldgebieten von Isan und dem damit verbundenen Straßenbau wurden seit den 1960er Jahren der raschen Rodung des tropischen Regenwalds und einem unkontrollierten, häufig illegalen Siedlungsausbau („spontaneous settlement") Tür und Tor geöffnet.

❶ Projekte
❷ Handlungsstrategien der Erwerbssicherung im ländlichen Raum Nordostthailands
❸ Konflikte mit Umweltbezug
❹ Widerstand der Bevölkerung

❶ Seit 1995 werden, gemeinsam mit dem Lehrstuhl für Physische Geographie der Universität Tübingen (Prof. Dr. K.-H. Pfeffer) und Kollegen der thailändischen Regionaluniversität Khon Kaen, Forschungen und Projekte zu den geoökologischen und sozialgeographischen Folgen von Bevölkerungszunahme und Rodung im tropischen Regenwald Nordostthailands sowie zu räumlichen Konflikten mit Umweltbezug durchgeführt.

❷ Die (ungünstige) naturräumliche Ausstattung bildet in Verbindung mit den in den letzten 30 Jahren abgelaufenen Prozessen illegaler und semilegaler Landnutzung und den aktuellen planerischen Eingriffen (Aufforstung, Staudammbau etc.) einen Handlungsrahmen, der von den Bewohnern Isans in unterschiedlichem Maße als streßbehaftet empfunden wird. Anpassung an diese Situation erfolgt regionsintern (z. B. durch Umstellung des Anbaus auf Zuckerrohr, großflächigen Eukalyptusanbau etc., durch nichtlandwirtschaftliche Erwerbsalternativen wie Seidenproduktion, Herstellung von Matten, von künstlichen Edelsteinen und zunehmend durch flexible Erwerbskombinationen im formellen und informellen Sektor als Saisonarbeiter, Fahrer etc.), vor allem aber regionsextern

durch Abwanderung in die Zentren des Nordostens (Khon Kaen, Nakhon Ratchasima), in die Metropole Bangkok und durch temporäre Arbeitsmigration ins Ausland (früher Saudi-Arabien und die Ölstaaten, heute vor allem Taiwan und illegal Japan). Im Rahmen eines Forschungsprojekts wurde auf der Basis einer Reihe von Fallstudien (Beispieldörfern) mit insgesamt rund 700 Befragungen die Auslandsmigration aus Nordostthailand, das Investitionsverhalten der Remigranten und die ökonomischen und sozialen Folgen für die Dörfer in Isan untersucht.

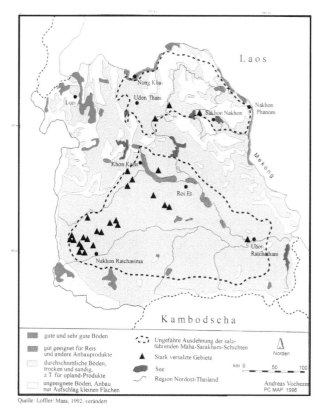

Böden und agrargeographisches Potential in Nordostthailand

❸ Der Raubbau am Regenwald (seit über 30 Jahren aufgrund von Langzeitkonzessionen seit Ende der 1960er Jahre), die Erschließung der hydroelektrischen Potentiale der Nebenflüsse des Mekong, der Fernstraßenbau und die um sich greifenden wenig umweltangepaßten Formen der Landwirtschaft (Eukalyptus, Zuckerrohr, Cassava) bringen inzwischen erhebliche Eingriffe in die natürliche Umwelt mit sich.

Entwaldete und von Bodenerosion betroffene Hänge in den Petchabun-Bergen

Vor allem drei Konfliktfelder sind es, in denen das Spannungsfeld zwischen Ökologie und Ökonomie, zwischen Fremdsteuerung und Partizipation zutage tritt:

Konflikte um Waldrodung und illegale Waldsiedlungen
Konflikte um Staudämme und Wassernutzung längs der großen Flußsysteme (Mekong, Mun, Chi, Songhram)
Umweltkonflikte bei der bergbaulichen und industriellen Erschließung (insbesondere Papiererzeugung, Zuckerrohrverarbeitung, Salzgewinnung)

Überschwemmungsbereich des teilweise gefluteten Stausees von Razi Sulay

In gemeinsamen Untersuchungen mit den thailändischen Kollegen wurden insbesondere Konfliktfelder und Akteure in der Auseinandersetzung um Waldnutzung und -rodung und den Staudammbau im Sinne eines akteursbezogenen, handlungsorientierten politisch-geographischen Ansatzes untersucht.

❹ Mit dem allmählich wachsenden Widerstand der lokalen Bevölkerung, aber auch dem zahlreicher NGOs und Intellektueller gegen Infrastrukturgroßprojekte und Umweltzerstörung sowie gegen staatliche Eingriffe in ihren Lebensraum wird die Frage der Akteure der Projektentwicklung einerseits und der Protestorganisationen andererseits, ihrer jeweiligen Machtressourcen sowie ihrer Öffentlichkeitsarbeit zwischen lokaler Aktion und weltweiter Vernetzung zu einem interessanten Thema einer handlungsorientierten politischen Geographie. Protest artikuliert sich nicht nur in von NGOs organisierten Aktionen vor

In Selbsthilfe erbautes Schulgebäude in einem „illegalen" Dorf am Rand der Petchabun-Berge

Ort, sondern z. B. auch in großen Aktionen vor dem Parlament in Bangkok (dem sogenannten „Village of the Poor"), mit denen die regionale Bevölkerung auch national und international Aufmerksamkeit erzielen konnte. So erreichten beispielsweise die Bewohner einiger Dörfer in Gebieten, die inzwischen zu *National Forests* erklärt wurden, daß ihre ursprünglich als illegal angesehenen Siedlungen und die damit verbundene Waldnutzung (*Agroforestry*) von den staatlichen Behörden toleriert und die Orte mit Schulen und Gesundheitseinrichtungen versehen wurden. Bereits errichtete Staudämme wie der von Razih Sulay wurden auf Druck der Protestgruppen (aber auch weil die Dämme ihre Bedeutung für die Stromerzeugung aufgrund der inzwischen möglichen Importe aus Laos verloren haben) im Jahre 2000 wieder geflutet.

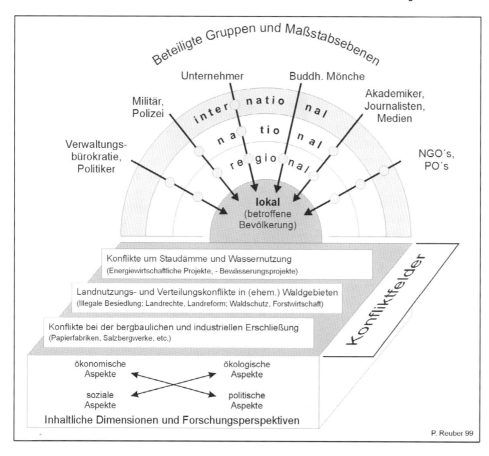

Konflikte und Akteure in Nordostthailand

Hans Gebhardt
hans.gebhardt@urz.uni-heidelberg.de
Paul Reuber
p.reuber@uni-muenster.de

63

Soziale Räume der Sicherheit – Die Wäscher von Banaras und ihr „Ṭāṭ"

Banaras ist auch im indischen Kontext eine besondere Stadt. Zahllose Mythen verbinden sich mit ihr, täglich führt ihre prominente Stellung im Kontext der Hindu-Religionen einen Strom von Pilgern aus dem ganzen Land in den heiligen Ort am Ganges. Zahlreiche Studien haben sich diesen Aspekten bereits gewidmet, wobei vor allem die Konstruktion von „heiligen Geographien" und vorgestellten religiösen Landschaften im Vordergrund steht.

Doch unabhängig von Konzepten religiöser Translokalität hat Banaras mit seinen derzeit etwa 1,5 Millionen Einwohnern auch eine eminent wichtige Stellung als urbanes Zentrum im westlichen Teil des nordindischen Bundesstaats Uttar Pradesh. Die Stadt kennt die Probleme von Armut, Ausgrenzung und Verwundbarkeit ebenso wie andere Metropolen Indiens, und diese bisher kaum beachtete, säkulare Seite von Banaras als Lebens- und Aktionsraum marginalisierter Gruppen in ihren täglichen Bemühungen um das Überleben steht hier im Vordergrund.

Dabei richtete sich die 13monatige empirische Untersuchung auf die Zusammenhänge der Konstruktion sozialer Räume, sozialer Netzwerke, sozialen Kapitals und Strategien der Lebensabsicherung, die anhand des Fallbeispiels einer unberührbaren Kastengruppe, den Wäschern (*Dhobi*) von Banaras, deutlich vor Augen geführt werden können. Dabei stand die These im Vordergrund, daß Sozialkapital für marginalisierte Akteure die zentrale Ressource der Existenzsicherung darstellt und sich auch in bestimmten räumlichen Konfigurationen entfaltet. Die indigene Konstruktion des sogenannten Ṭāṭ-Systems der Wäscher, das durch Alltagspraxis und Netzwerkpflege geschaffene soziale Räume der Sicherheit repräsentiert, bietet für diese Prozesse ein hervorragendes Beispiel.

❶ Alltag und Arbeit der Wäscher
❷ Das Ṭāṭ-System: Konstruktion sozialer Räume
❸ Räume der Sicherheit

❶ Die Wäscher als Angehörige einer in ganz Indien verbreiteten Kastengruppe bilden keine durchgehend homogene soziale Einheit, sondern gehören verschiedenen lokalen Subkasten an. In Banaras tragen die Wäscher den Namen ‚Kannaujia' als ihren Kastentitel und bilden damit eine bestimmte dieser regional begrenzten endogamen Entitäten. Seitens der

indischen Regierung werden Wäscher als sogenannte ‚Scheduled Caste' eingestuft. Diese Kategorie bezeichnet die unberührbaren und gesellschaftlich marginalisierten Gruppen und fungiert als eine Art legale Kompensation für ihren untergeordneten sozialen Status durch die Gewährung von Reservierungsquoten für Schulen, Universitäten und bestimmten staatlichen Arbeitsplätzen.

Die Wohnorte der Wäscher, die sogenannten *Dhobianas*, verteilen sich über den gesamten Stadtraum von Banaras. Dhobis sind eine äußerst mobile Gruppe. Ihre traditionelle Profession, die von über 90% der Kastenmitglieder in Uttar Pradesh nach wie vor ausgeübt wird, erfordert häufig sehr lange Wege, auf denen die Wäsche mit dem Fahrrad oder zu Fuß in den Häusern der in der Regel über das gesamte Stadtgebiet verteilten Kunden eingesammelt und abgeliefert werden muß. Darüber hinaus sind die Waschplätze an Ganges und Varuna oder die wenigen zum Waschen nutzbaren kleinen Teiche im Stadtgebiet nicht immer in naher Reichweite. Auch die Arbeitsbedingungen sind nicht einfach – in den kalten Wintern stehen die Menschen über mehrere Stunden bis zu den Hüften im eisigen Wasser und sind dadurch sehr anfällig für Krankheiten, und in den heißen Sommern wird die Arbeit zur schweißtreibenden Anstrengung. Zudem ist Waschen sehr zeitintensiv und erfordert mehrere aufeinander folgende Schritte, die innerhalb der Familie arbeitsteilig erledigt werden.

Das Wäschebündel, die sogenannte ‚Ladi', wird auf dem Weg vom Kunden und zurück teilweise über relativ weite Distanzen transportiert. In diesem Foto kehrt der Dhobi vom Ganges mit der frisch gereinigten Wäsche zurück. Photo: SCHÜTTE (2002)

❷ Die Wäscher in Banaras pflegen ein sozialräumliches Organisationssystem, das so weitreichend und ausdifferenziert gestaltet ist, daß es als eigenständige, ‚subgesellschaftliche', Regelung von Raum, sozialen Beziehungen und Alltag angesehen werden kann. Die Wäscher benennen eben dieses Ordnungssystem als Ṭāṭ – ein indigener Begriff, dessen praktische Gestaltung und Ausformungen auf verschiedene, miteinander verknüpfte Ebenen verweist.

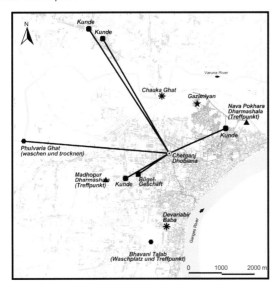

Alltägliches Mobilitätsaufkommen einer Dhobi-Familie und die zentralen Orte der Kastengemeinschaft in Banaras. Die dadurch entstehenden spezifischen Aktionsräume sind durch die Notwendigkeiten des Berufs vorgegeben und variieren je nach Lage der Stammkunden und der präferierten Waschplätze individuell im Maßstab.

Frei läßt sich der Begriff mit ‚Teppich' übersetzen, und die Menschen beziehen sich auf dieses Bild mit dem geläufigen Ausspruch *„Ṭāṭ ist der Faden, der unsere Gemeinschaft zusammenhält"*, gemeint als Analogie zu dem Faden, aus dem ein Teppich gewoben ist. Die Metapher des Teppichs läßt sich noch weiter führen, indem das Patchwork der Bedeutungen von Ṭāṭ in Form eines Teppichs visualisiert wird.

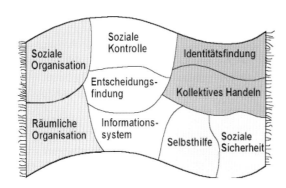

Die vielfältigen Bedeutungsebenen von Ṭāṭ: Die mit dem Begriff verbundene soziale Praxis konstituiert ein sozial-räumliches System, ein institutionelles Arrangement, ein soziales Sicherungssystem und initiiert Prozesse der Bildung sozial-räumlicher Identitäten und kollektiven Handelns.

In dieser Visualisierung ist die hierarchische Konstruktion sozialer und aufeinander bezogener Lokalitäten, die Wäscher-Haushalte in verschiedenen Teilen von Banaras miteinander vernetzen, schematisch wiedergegeben. Die mit indigenen Begriffen benannten Entitäten sozialräumlicher Vernetzung verbinden die verschiedenen Dhobianas von Banaras innerhalb derartiger ‚virtueller' Räume, die eindeutigen Definitionskriterien unterworfen sind. Jede Familie der Wäscher hat ihren

Platz im Rahmen dieses durch regelmäßige Treffen auf allen unterschiedlichen Ebenen aufrechterhaltenen Systems.

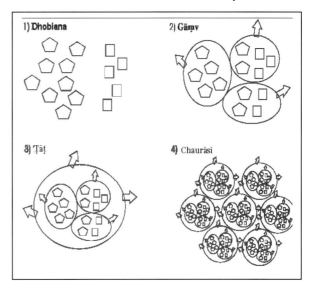

Ein Schema der verschiedenen Lokalitätskonstruktionen der Wäscher von Banaras. Haushalte in den physisch eindeutig lokalisierbaren Dhobianas verbinden sich dabei zu den dargestellten Entitäten. Diese sind hierarchisch strukturiert, indem jede weitere Ebene die vorherige mit umfaßt. Das Schema symbolisiert zwei Dhobianas mit neun und fünf Haushalten. Diese organisieren sich in den sogenannten Gāṃv (Hindi für ‚Dorf'), deren Mitglieder in verschiedenen Dhobianas leben (im Schema durch Pfeile angedeutet). Das Beispiel zeigt die Haushalte der beiden Dhobianas in zweien dieser Gāṃv organisiert. Eine bestimmte Anzahl von Gāṃv formt einen Ṭāṭ als die zentrale und namensgebende Einheit des Systems. Es ist diese Ebene, auf denen Dhobis normalerweise ihren Platz in der Welt finden, und wie auch bei den Gāṃv üblich, umfaßt ein Ṭāṭ Haushalte in verschiedenen Dhobianas. Ein weiterer Layer wird als Chaurāsī (Hindi für ‚84') benannt. Dieser Begriff bezeichnet diejenigen sieben Ṭāṭs, die in der Vorstellung der Wäscher die Stadt Banaras konstituieren. Chaurāsī wird so zur einer sehr spezifischen Konzeption von Banaras, zugeschnitten auf die Bedürfnisse einer untergeordneten Gruppe.

❸ Diese kreative Konstruktion von sozialen Räumen auf den verschiedenen Maßstabsebenen schafft einen durch alltägliche Praxis aufrecht erhaltenen Rahmen, innerhalb dessen die in der Teppich-Metapher enthaltenen Ebenen wirksam werden.

Die aktive Praxis sozialer Räumlichkeit repräsentiert damit gleichzeitig auch komplexe und verbindliche Strategien der Formierung und Nutzung von Sozialkapital als eine elementare Ressource, auf die besonders in Notsituationen zurückgegriffen werden kann. Dabei entstehen institutionalisierte Räume der Sicherheit, die für die Lebensabsicherung von marginalisierten Gruppen wie die der Wäscher essentielle Funktionen übernehmen und gleichzeitig Prozesse eines selbstgestalteten ‚Empowerments' und der Steigerung des Selbstwertgefühls in Bewegung setzen.

Stefan Schütte
schuette@sai.uni-heidelberg.de

Migration und Arbeitsmärkte in Nepal. Eine Untersuchung zu Beschäftigten in Teppichmanufakturen des Kathmandu-Tals

Die Wirtschaft Nepals ist außerordentlich stark vom Agrarsektor geprägt, mit einer Beschäftigungsquote von etwa 90%. Gleichzeitig besteht jedoch in vielen Regionen und für viele („Rand"-)Gruppen durch zunehmende Fragmentierung des Agrarlands ein steigender Druck, außerlandwirtschaftliche Einkommen zu erwirtschaften. Dieser Notwendigkeit stehen aber in ländlichen Regionen äußerst begrenzte, meist landwirtschaftlich geprägte Arbeitsmärkte entgegen. Dies führt zu einem hohen Abwanderungsdruck, zum einen in regionale Zentren, aber noch stärker nach Kathmandu und in indische Städte sowie in zunehmenden Maße auch in die Golfstaaten. In einem solchen regionalen Kontext kommt der geographischen Analyse außeragrarischer Arbeitsmärkte eine extrem große wirtschafts-, sozial- und auch entwicklungspolitische Bedeutung zu.

Aufgrund der geringen Industrialisierung kommt einigen wenigen Sektoren eine wichtige Bedeutung zu. Für eine knappe Dekade (ab Mitte der 1980er Jahre) war die Produktion von handgeknüpften Teppichen der bedeutendste aller „Industrie"-Sektoren, sowohl in Bezug auf die Erwirtschaftung von Devisen als auch in Bezug auf die prominente Bedeutung für den Arbeitsmarkt, denn laut offiziellen Angaben waren dort mehr Personen beschäftigt als in allen anderen Industriesektoren zusammen. Doch diesem Boom-Sektor war ein relativ rascher Niedergang beschert, unter anderem wegen der negativen Publicity aufgrund (vermeintlicher) Kinderarbeit.

❶ Das Forschungsprojekt
❷ Die Beschäftigten in Teppichmanufakturen
❸ Auswirkungen von Boom und Rezession
❹ Entwicklungsperspektiven

Teppichknüpferinnen in Kathmandu. Photo: GRANER (1999)

❶ Im Rahmen eines von der DFG finanzierten Projekts erfolgten in den Jahren 1998/99 im Kathmandu-Tal Befragungen mit insgesamt 1.780 Beschäftigten in Teppichmanufakturen, in enger Zusammenarbeit der Autorin mit S. TUMBAHANGPHE. Ziel war es, neben demographischer Charakteristika der Migrierten und deren Migrations- und Arbeitsgeschichte besonders die Verflechtungen zwischen den Migrierten und ihren Ursprungshaushalten sowie deren Beitrag zur Existenzsicherung der Haushalte zu untersuchen. Ein zweiter Teil der empirischen Erhebung erfolgte in einer der Herkunftsregionen, in Dörfern des Jhapa-Distrikts im Südosten Nepals.

❷ Aus den Interviews zur Arbeitsgeschichte derjenigen, die 1998/99 noch in Teppichmanufakturen beschäftigt waren, läßt sich rekonstruieren, daß das durchschnittliche Alter zum Zeitpunkt der Arbeitsaufnahme für 24% aller Beschäftigten (26% der Männer und 19% der Frauen) unter 14 Jahren lag (siehe Graphik). Dabei waren fünf Prozent der Kinder sogar jünger als zehn Jahre, mit einem deutlichen Übergewicht an Jungen (sieben gegenüber drei Prozent). Da die Neubeschäftigten jedoch nur eine Teilmenge (ca. 20 bis 40%) aller Beschäftigten bilden, dürfte die Quote der Minderjährigen (unter 14 Jahren) selbst für das Jahr mit dem höchsten prozentualen Anteil (1991) bei „nur" rund 9 bis 18% gelegen haben. Dies liegt jedoch deutlich unter dem in einer ARD-PANORAMA-Sendung behaupteten Wert von 90%!

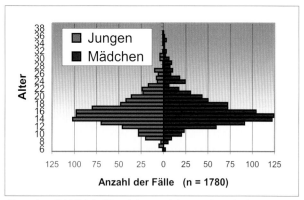

Alter der 1998/99 in Teppichmanufakturen Beschäftigten (zum Zeitpunkt der Arbeitsaufnahme)

Des weiteren dokumentiert diese empirische Studie auch eine interessante Chronologie der Abnahme der Kinderarbeit. Während im Zeitraum von 1988 bis 1991 noch 31 bis 36% aller Neubeschäftigten unter 14 Jahre alt waren, nahm deren Anteil rapide auf zwölf (1995) und fünf Prozent (1997) ab (siehe Graphik). Dies spiegelt neben den zunehmend strengen staatlichen Auflagen und dem zuvor bereits entsprochenen „Kunden-Druck" der Käufer auch die allgemeine Rezession (Abnahme der Beschäftigten) wider.

❸ Während der Boom-Phase bestand ein latenter Mangel an Arbeitskräften, die somit auch eine gute Verhandlungsposition bei Forderungen nach Lohnerhöhungen erzielen konnten. Dadurch waren die Löhne über lange Zeit vergleichsweise hoch und attraktiv. Gleichzeitig konnten auch die Manufakturbesitzer und die Exporteure gute Preise und damit relativ hohe Gewinne erzielen. Durch diese hohe Lukrativität entstanden aber auch einige strukturelle Besonderheiten, die wenig später äußerst negative Folgen haben sollten. Zum einen wurde zwar von Anfang an eine Diversifizierung von Handelspartnern angestrebt, *de facto* erfolgte aber der Ausbau des Exports fast ausschließlich nach Deutschland (rund 80% Marktanteil). Somit bestand die Gefahr, daß ein Einbruch der Nachfrage gravierende Folgen haben würde. Zweitens entstand durch den phasenweise sehr hohen und raschen Bedarf an Ausweitung der Produktion eine extrem verschachtelte Struktur von mehrstufigen Auftragsvergaben, die auch Qualitätskontrollen stark erschwerte. Eine solche diffuse Struktur führte auch dazu, daß trotz des abrupten Nachfragerückgangs 1994 die Produktion weiterhin in hohem Umfang weiterlief und damit Teppiche produziert wurden, die keiner mehr (bezahlen) wollte.

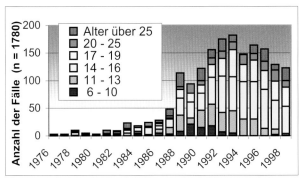

Alter zum Zeitpunkt der Arbeitsaufnahme (disaggregiert nach Migrationsjahr)

Zudem entstand mit dem Makel der Kinderarbeit ein gravierender Imageverfall. In Folge konnten viele Manufakturen ihre Teppiche nur noch zu drastisch reduzierten Preisen absetzen und waren früher oder später gezwungen, auf die Preis-dumping-Forderungen ihrer Handels„partner" einzugehen. Viele, besonders die kleineren Manufakturen erlitten einen hohen finanziellen Schaden und konnten ihre Produktion nicht mehr aufrechterhalten. Die Deviseneinnahmen brachen drastisch ein, und zwar noch wesentlich gravierender als dies aus den offiziellen Statistiken ersichtlich ist.

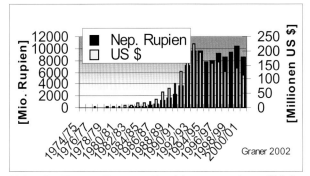

Höhe der Exporterlöse aus Teppichexporten, laut offizieller Quellen (Trade Promotion Centre 1975ff)

Für die Beschäftigten entstand mit dem abrupten Ende dieses Exportbooms rasch ein relatives Überangebot an unterbeschäftigten und arbeitssuchenden Arbeitskräften, das durch die Massenentlassungen von Minderjährigen nur wenig entschärft werden konnte. Dadurch sank aber das Lohnniveau auf ein äußerst kritisches Niveau, und viele der (ehemals) Beschäftigten mußten sich verschulden, um ihre Lebenshaltungskosten „vorübergehend" zu decken. Gleichzeitig bedeutete die Aufgabe der Arbeit und/oder die Rückwanderung in die Dörfer den Verlust des Arbeitsplatzes im Falle einer noch so vagen Aussicht auf Besserung der Situation.

❹ Durch diese gesamtwirtschaftliche Krise geriet die Regierung unter erheblichen Handlungsdruck. Zum einen wurde eine rasche Diversifizierung von Handelspartnern angestrebt. Hierzu wurden besonders Handelsmessen in den USA und in Japan genutzt, allerdings mit nur geringen Erfolgen. Des weite-

ren wurde vermehrt die Produktion alternativer Exportprodukte gefördert, so daß auch in dieser Hinsicht eine möglichst rasche Diversifizierung erfolgen sollte. Eines der anvisierten Produkte waren sogenannte Pashmina-Schals, die allerdings gegen Ende der 1990er Jahre nach einer relativ kurzen Mode- und Erfolgsphase ein rapides Ende hatten, nachdem auch hier durch eine extreme Überproduktion und schlechte Qualitäten die Beliebtheit abgenommen hatte.

Für die Beschäftigten bestanden nur einige wenige und darüber hinaus nicht besonders attraktive Alternativen. Während Frauen die Wahl hatten, bei geringeren Löhnen zu bleiben oder in ihre Dörfer zurückzukehren, um wieder in der Subsistenz und Hausarbeit mitzuarbeiten, versuchten viele Männer ihr Glück darin, über sogenannte „man-power" agencies (Vermittleragenturen), einen Zugang zu internationalen Arbeitsmärkten, besonders in die Golfstaaten, zu bekommen. Dieser Trend der neuen Arbeitsmigration spiegelt sich in den deutlich gestiegenen (offiziellen) Angaben zu Überweisungszahlungen wider.

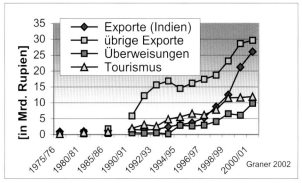

Erwirtschaftung ausländischer Devisen. (Quelle: Nepal Rastra Bank 2002)

Aber auch diese Arbeitsmärkte stehen unter einem enormen Druck, da sie für viele süd- und südostasiatische Länder eine lukrative „Ergänzung" zum nationalen Arbeitsmarkt bilden. Es entsteht auch hier ein extrem hoher Lohndruck, und viele der dortigen Anbieterfirmen schließen inzwischen Arbeitsverträge zu Löhnen unterhalb des staatlich vorgeschriebenen Mindesttarifs ab. Doch auf solche Entwicklungen können weder die Regierungen der „Sender"-Länder noch deren Gewerkschaften Einfluß nehmen.

Rückkehr junger Migranten aus den Golfstaaten am Flughafen in Kathmandu. Photo: GRANER (2000)

Elvira Graner
egraner@sai.uni-heidelberg.de

Landschaftsgeschichte im Umfeld der Nazca-Kultur (Südperu)

Das Projekt „Geomorphologische Untersuchungen zur Rekonstruktion der Landschaftsgeschichte im Umfeld der Siedlungen der Nazca-Kultur" (ca. 400 v. Chr. bis ca. 800 n. Chr.) ist Teil eines größeren Projektbündels im NTG (Neue Technologien in den Geisteswissenschaften)-Schwerpunkt des BMBF. Zusammen mit der Arbeitsgruppe Archäologie (KAVA / Bonn, Dr. M. REINDEL) und der Arbeitsgruppe Chronometrie (Heidelberger Akademie der Wissenschaften am MPI für Kernphysik / Heidelberg, Prof. Dr. G. WAGNER) gehört es zu den Initialprojekten, die die Arbeit im Sommer 2002 aufgenommen haben.

❶ Das Arbeitsgebiet
❷ Warum Forschung in Wüstenrandgebieten
❸ Ziele des Projekts
❹ Sediment-Tomographie und Geo-Archivanalyse

Die Flußoase des Rio Palpa (Südperu). Blickrichtung Westen ins Andenvorland. An den Talflanken befindet sich ein Kernraum des ehemaligen Nazca-Siedlungsgebiets.

❶ Das Untersuchungsgebiet im Süden Perus (Großraum Palpa-Nazca) liegt ca. 60 km im Landesinneren am Fuß der Westkordillere der Anden am Ostrand der nördlichen Atacama-Küstenwüste. Die Wüste durchqueren Fremdlingsflüsse, die die saisonalen Niederschläge, die in der Westkordillere fallen, durch die Atacama zur Küste entwässern. Der einzige ganzjährig wasserführende Fluß ist der Rio Grande. In diesen Flußoasen haben die Nazca-Indianer zahlreiche Siedlungsspuren hinterlassen, die auf eine vergleichsweise intensive Bewirtschaftung des Gebiets und eine hohe Bevölkerungsdichte schließen lassen. Seit einigen Jahren sind diese Reste das Ziel archäologischer Untersuchungen im Raum Palpa. Berühmtheit hat die Nazca-Kultur vor allem durch die großen Geoglyphen (Bodenzeichnungen) erhalten, die überwiegend auf pleistozänen Fußflächensystemen abseits der Flußoasen angelegt wurden. Diese Geoglyphen kennzeichnen den Nazca-Siedlungsraum, ohne daß die Bedeutung der Figuren entschlüsselt wäre.

❷ Trockengebiete, vor allem in der Nähe von Wüstenrändern, sind besonders sensibel reagierende Landschaftsökosysteme, die zunehmend auch im Mittelpunkt internationaler Forschungsprogramme stehen. Schon relativ schwache Klimaschwankungen (hier vor allem Niederschlagsereignisse bzw. hygrische Fluktuationen) führen bereits zu starken Systemveränderungen und Reaktionen der landschaftsprägenden Prozeßkombinationen.

❸ Im Rahmen der Forschungsarbeiten ist zu klären, ob und in welcher Weise besondere naturräumliche Bedingungen das Entstehen der Nazca-Kultur nach 400 v. Chr. gefördert haben, bzw. ob und, wenn ja, welche Umweltveränderungen zu dem plötzlichen Zusammenbruch der Kultur und zum Verlassen der vielen, oft überraschend großen Siedlungen geführt oder beigetragen haben könnten.

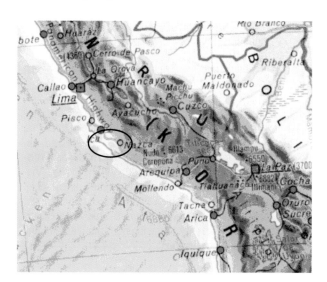

Lage des Arbeitsgebiets ca. 400 km südlich Lima

Es wird besonders der Frage nachgegangen, wie das Zusammenspiel hygrischer Fluktuationen von Westen (El Niño-Ereignisse oder –Phasen) und von Osten (unterschiedliche Intensität der monsunalen Sommerniederschläge in der Westkordillere) das Siedlungsgebiet zu einem Gunst- oder Ungunstraum für die Indianer machte.

Im Rahmen der bis 2005 projektierten Arbeiten werden holozäne Sedimente und Böden als Geo-Archive für die letzten ca. 11.500 Jahre Landschaftsgeschichte erkundet, analysiert und ausgewertet. In die zu erarbeitende Chronologie der Landschaftsentwicklung, die in enger Zusammenarbeit mit der Arbeitsgruppe Chronometrie erstellt wird, wird der Zeitraum der Nazca-Kultur besonderes Gewicht finden.

❹ In den Arbeiten finden neue Technologien und Forschungsansätze Anwendung. Zur Geoarchiv-Erkundung im Umfeld der Nazca-Siedlungen werden erstmalig refraktionsseismische und geo-elektrische Techniken eingesetzt, wobei die gewonnenen Daten digital zu Sediment-Tomographien verschnitten werden. Die Visualisierung der Geo-Archive findet einerseits bei den Archäologen großes Interesse, andererseits eröffnet sie geomorphologisch-landschaftsgeschichtlichen Untersuchungen neue Möglichkeiten. Es lassen sich so Geo-Archive bis in größere Tiefen erkunden, differenzieren und einzelne Sedimentlagen räumlich verfolgen. Dies dient nicht zuletzt dazu, Probenahmestellen und Bohrpositionen besser auswählen, die Punktinformationen in die Fläche übertragen und die Ergebnisse sicherer deuten zu können.

Darüber hinaus werden oberflächennah zugängliche Sedimente beprobt und analysiert. Erfahrungen, die während der letzten zwölf Jahre Forschungstätigkeit in der Namib-Küstenwüste gesammelt werden konnten, finden nun Anwendung in der Atacama-Küstenwüste. Besonderes Augenmerk wird auf die weitflächig auftretenden schluffigen Feinsedimente gerichtet.

Sedimentkörper wie hier im Rio Palpa-Tal sind wichtige Paläo-umwelt-Zeugnisse und werden als Geo-Archive im Projektverbund ausgewertet.

Fußflächenreste bei Palpa. Diese Formen tragen die auffälligsten Geoglyphen der Nazca-Kultur, hier die sogenannte Sonnenuhr (Reloj solar).

Der erste Geländeaufenthalt im August/September 2002, der zur logistischen Vorbereitung der Arbeiten und zur Erkundung der Umsetzungsmöglichkeiten unserer Forschungskonzeption sowie der Abstimmung der verschiedenen Arbeitsgruppen im Projektverbund diente, verlief sehr erfolgreich. Zahlreiche Ansatzpunkte für die Arbeiten in den kommenden Jahren konnten identifiziert werden, so daß wir optimistisch daran gehen können, die ehrgeizigen Ziele des Forschungsprojekts umzusetzen.

Bernhard Eitel
bernhard.eitel@urz.uni-heidelberg.de
Stefan Hecht
stefan.hecht@urz.uni-heidelberg.de
Bertil Mächtle
bertil.maechtle@urz.uni-heidelberg.de
Gerd Schukraft
nd7@ix.urz.uni-heidelberg.de

Ethnische Minoritäten in den USA – Aspekte des Bildungs- und Qualifikationswesens

Die Tradition ethnischer Kontraste gehört zu den hervorstechendsten Merkmalen der US-amerikanischen Gesellschaft. Die Nation stellt sich unter das Motto „E Pluribus Unum", eine durch die Vielfalt konstituierte, das Gemeinwesen umfassende Identität. Daß diese staatsideologische Konstruktion nicht mehr als eine Chimäre darstellt, wird anhand des (öffentlichen) Bildungswesens und seiner enormen qualitativen Bandbreite besonders deutlich. Für Angehörige bestimmter ethnischer Gruppen scheint der Anspruch der *public school* auf eine Bereitstellung gleicher Ausgangschancen für einen beruflichen und sozialen Aufstieg gleichsam aufgehoben. Eine tiefe Kluft durchzieht das Bildungssystem; sie zeichnet bestehende ethnisch-soziale Disparitäten nach, akzentuiert diese und mündet in einer brisanten Verwerfung, die sich zu einem der gesellschaftspolitischen Kernprobleme der USA im 21. Jh. ausweiten könnte (GAMERITH 1998a).

❶ "The Great Equalizer"
❷ Ethnische Minoritäten und die *public school*
❸ Schulerfolg ethnischer Minoritäten
❹ Bildungspolitische Brennpunkte

❶ Spätestens seit dem ausgehenden 19. Jh. wird das System der öffentlichen Schulen (*public schools*) in den USA als Instrument sozialer Emanzipation interpretiert. Die Schaffung gleicher Ausgangsbedingungen für das an zentraler Stelle in der Verfassung festgeschriebene Recht des *pursuit of happiness* wird nach diesem Verständnis durch ein standardisiertes Schulsystem mit allgemein akzeptierten Lehrinhalten gewährleistet. Pädagogen, Sozialreformer und Politiker prägten in diesem Zusammenhang das Diktum der *public school* als "Great Equalizer". Nach dieser Auffassung vollzieht sich neben einer sozialen Angleichung in der Schule auch der Prozeß einer ethnischen Normierung, der aus Immigranten mannigfaltiger kultureller Herkunft überzeugte US-Amerikaner mit einem charakteristischen Habitus formt (GAMERITH 1998b).

❷ Paradoxerweise schließt dieser Anspruch nicht alle ethnischen Minoritäten mit ein. Einigen Gruppen, die als "nicht assimilierbar" galten, wurde die Möglichkeit des Unterrichts an öffentlichen (und lange Zeit auch an privaten) Schulen mit allen Mitteln vorenthalten. *African Americans*, *Hispanics* und auch Asiaten blieben ebenso wie *Native Americans* lange Zeit von den Bildungseinrichtungen der weißen Amerikaner ausgesperrt. Selbst Schul- und Bildungsinitiativen innerhalb der eigenen ethnischen Gruppe wurde durch eine Reihe von Verboten und Strafandrohungen ein Riegel vorgeschoben.

Den restriktivsten Formen der Ausgrenzung waren schwarze Sklaven ausgesetzt; so zielte eine Reihe von Gesetzen in den Südstaaten darauf ab, auch informelle Treffen unter Schwar-

zen, die möglicherweise didaktische Ziele verfolgten, zu unterbinden. 1823 wurden beispielsweise im Bundesstaat Mississippi Treffen von sechs oder mehr Schwarzen "for educational

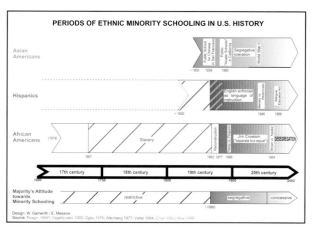

Perioden der Ausbildung ethnischer Minoritäten an öffentlichen Schulen der USA

purposes" bei schweren Strafen untersagt. Wer Sklaven im Lesen und Schreiben unterwies, ging in vielen Südstaaten ein hohes Risiko ein, das von empfindlichen Geldbußen bis zu Freiheitsstrafen reichte.

Erst gegen Ende des 19. Jhs. wurde die restriktive Bildungspraxis gegenüber ethnischen Minoritäten aufgeweicht und durch ein System der erzwungenen Segregation ersetzt. Die Bildungspolitik der zweiten Hälfte des 20. Jhs. ist zwar durch Bemühungen um eine Integration ethnischer Minderheiten in die öffentlichen Schuleinrichtungen gekennzeichnet, begegnet darin aber einem großen Potential an Widerstand, Vorurteilen und strukturellen Hindernissen.

❸ Unter diesen Vorzeichen fällt der Schulerfolg unter Angehörigen bestimmter ethnischer Minoritäten, wie der *African Americans* oder der *Hispanics*, deutlich geringer aus als unter der weißen Mehrheitsbevölkerung. Symptomatisch dafür stehen höhere Abbruchquoten an den *high schools*, geringere Übertrittsraten an Colleges und Universitäten sowie eine niedrigere Akademikerquote, die sich zudem in einer schwächeren Beteiligung an gesellschaftspolitisch einflußreichen Berufssparten manifestiert (GAMERITH 1999). Hinter diesen strukturellen Gegensätzen stehen finanzielle Disparitäten, die das (öffentliche) US-amerikanische Bildungssystem markant in zumindest zwei Subsysteme teilen: Gut ausgestattete Schulen mit qualifiziertem Lehrpersonal und meist hochmotivierten Schülern stehen dem Verfall preisgegebene, unter Lehrern wenig attraktive Schulen gegenüber, die häufig von "children at-risk" aus sozial schwachen Schichten besucht werden. Beide "Phänotypen" decken die Bandbreite öffentlicher Bildung in den USA ab. Vor allem Unterschiede im Aufkommen der lokalen Eigentumssteuer (*property tax*), die an der Finanzierung der *public schools* entscheidenden Anteil haben, tragen im Konnex mit der siedlungsräumlichen Segregation ethnischer Minoritäten zu diesen divergierenden Ergebnissen des formalen Ausbildungs- und Qualifikationsprozesses bei. Hauptsächlich lokal finanzierte Schulen in degradierten, verarmten Einwandervierteln besitzen hier deutlich ungünstigere Voraussetzungen als Schulen, deren Haushalt aus dem reichlichen Steueraufkommen wohlhabender suburbaner Bezirke bestritten werden kann.

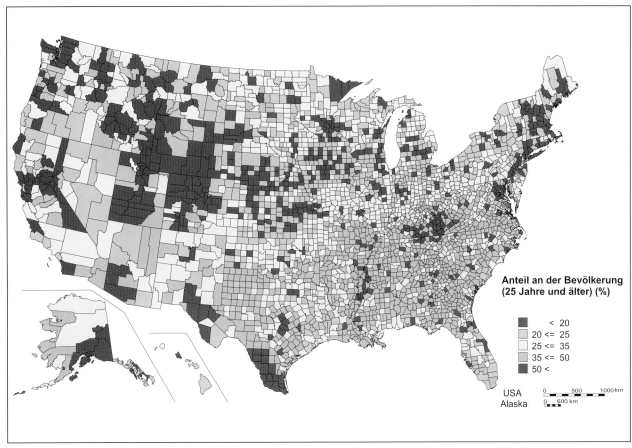

Personen ohne high school-*Abschluß (1990)*

Über die Bevölkerungsverteilung im nationalen, regionalen wie lokalen Maßstab lassen sich die ethnischen Differenzen im Schulerfolg auch auf mehreren räumlichen Ebenen abbilden. Als historisch besonders dauerhaft und für eine bildungsgeographische Analyse lohnend erweist sich der nationale Kontext mit seinen großräumigen Disparitäten. So repräsentiert der US-amerikanische Süden auch nach Jahrzehnten forcierter Bestrebungen um eine bildungspolitische Emanzipation eine spezifische Region, in der etwa der Anteil der Personen ohne high school-Abschluß überdeutlich ausgeprägt ist. Strukturelle Nachteile des peripheren ländlichen Raums, wie sie beispielsweise in den Appalachengebieten des Bundesstaates Kentucky auftreten, finden ebenso ihren Niederschlag in hohen Werten dieses Indikators. Auch die Grenzgebiete der USA zu Mexiko mit ihrer *Hispanic*-Bevölkerung werden als bildungsgeographisch charakteristische Regionen abgebildet.

❹ Die Problematik ethnischer Minoritäten im US-amerikanischen Bildungswesen muß weiter gefaßt werden, als es die makrostrukturellen Disparitäten nahelegen. Vor allem im Hinblick auf Lösungsstrategien angesichts des geringeren Bildungserfolgs von Schwarzen, *Hispanics* und anderen Gruppen ist eine Analyse des lokalen Kontexts und seiner spezifischen sozialen, wirtschaftlichen, politischen und kulturellen Situation unabdingbar. Zu den brisantesten bildungspolitischen Brennpunkten im Hinblick auf sozial marginalisierte ethnische Minoritäten zählen neben der *Dropout*-Frage mit allen ihren Konsequenzen für die weiteren beruflichen Perspektiven vor allem der alarmierende Drogenhandel und –konsum sowie die zunehmende Gewaltbereitschaft an öffentlichen Schulen. Der Drogenmißbrauch hat in den zurückliegenden Jahrzehnten

einen beständigen, teils dramatischen Aufschwung genommen. Allein von 1993 bis 1994, innerhalb eines einzigen Schuljahrs, hat sich die Zahl der Heroinkonsumenten an Schulen verdreifacht (SANDERS / MATTSON 1998, 182). Ein enger Konnex zwischen Drogenkonsum und reduzierten schulischen Leistungen gilt als gesichert. Vor allem in den *public schools* der verarmten, innerstädtischen Ghettos lähmen Drogenprobleme einen effizienten Unterricht. Versteckte Waffenarsenale und offene Gewalt, Vandalismus und Eigentumsdelikte machen viele Schulen zu sozialen Krisenherden. Bilder von bewaffneten Wachleuten, die in Schulhöfen patrouillieren, und von Metalldetektoren an Schuleingängen, mit denen einem steigenden Schußwaffengebrauch an Schulen Einhalt geboten werden soll, gehören mittlerweile zum Alltag städtischer Schulen in den USA. Solange ethnische Minoritäten in diesen Einrichtungen das Gros der Schüler stellen, wird ihre schulische Situation prekär bleiben.

Hinweisschilder an public high schools *in Seattle (Washington). Photos:* GAMERITH (1998)

Werner Gamerith
werner.gamerith@urz.uni-heidelberg.de

Bildungsverhalten und kulturelle Identität
der hispanischen Bevölkerung in New Mexico (USA)

Die Bildungslandschaft der Vereinigten Staaten ist durch starke Disparitäten gekennzeichnet. Schulen und Hochschulen variieren in Qualität, Ausstattung und Erfolg der Bildungsteilnehmer ganz erheblich. Besonders stark ausgeprägt sind die bildungsbezogenen Unterschiede bei einer vergleichenden Betrachtung von Bevölkerungsgruppen unterschiedlicher ethnisch-kultureller Herkunft. Am Beispiel der hispanischen Bevölkerung im US-amerikanischen Bundesstaat New Mexico wurde in einem zweijährigen Projekt mit Unterstützung der Deutschen Forschungsgemeinschaft die Bedeutung ethnischer und kultureller Identität für das Bildungsverhalten untersucht.

'Cultural Crossroads' von Robert Haozous (1984) auf dem Campus der University of New Mexico. Photo: FREYTAG

❶ Historische Entwicklung des Bildungswesens
❷ Unterschiede im Bildungsniveau der Bevölkerung
❸ Konzeptualisierung ethnisch-kultureller Identität
❹ Spannungsfeld zweier kultureller Wertesysteme

❶ Während der spanischen Kolonialherrschaft waren Bildung und Bildungswesen im agrarisch geprägten New Mexico bis ins beginnende 19. Jh. weitgehend kirchlich organisiert und standen im Kontext des katholischen Glaubens. Die Vermittlung von Lese- und Schreibkenntnissen erfolgte sowohl in Missionsschulen wie auch im häuslichen Rahmen hispanischer Siedler. Gemäß Rekrutenlisten, Gerichtsakten, Tagebuchaufzeichnungen und anderen zeitgenössischen Quellen waren mehr als zwei Drittel der erwachsenen Bevölkerung Analphabeten.

Ein deutlicher Wandel setzte in der zweiten Hälfte des 19. Jhs. ein, als New Mexico einige Jahre nach seiner territorialen Eingliederung in die USA zwischen 1870 und 1910 einen dynamischen Alphabetisierungsschub erfuhr, der den Bevölkerungsanteil der Lese- und Schreibkundigen von 20 auf 80% anwachsen ließ. Der in ähnlicher Weise für die gesamten USA und für zahlreiche europäische Staaten zu beobachtende Prozeß einer Massenalphabetisierung steht in Zusammenhang mit durchgreifenden gesellschaftlichen Veränderungen. Im ausgehenden 19. Jh., als New Mexico eine bedeutende Zuwanderung aus dem Mittleren Westen, von der Ostküste der USA sowie aus Europa erlebte, setzte ein Trend zur Modernisierung und zum systematischen Ausbau des Bildungswesens

ein. Dieser exogen induzierte Innovationsprozeß bewirkte unter anderem eine Diversifizierung des Bildungswesens durch die Errichtung höherer Schulen und Universitäten um die Jahrhundertwende. Obwohl die hispanische Bevölkerung in New Mexico am Alphabetisierungsprozeß teilnahm, blieb der Besuch höherer Bildungseinrichtungen meist der angloamerikanischen weißen Bevölkerung vorbehalten. Ungeachtet der absoluten Zunahme des Bildungsniveaus der Hispanics erwies sich der relative Abstand zur weißen Bevölkerung als persistent bzw. verstärkte sich anfangs sogar. Auch die weitere Entwicklung der Bildungssituation im 20. Jh. war neben der Bildungsexpansion vor allem durch eine Segregation entlang ethnischer Trennlinien geprägt. Unterstützt wurde dieser Trend durch eine wirtschaftliche Entfaltung, die eine Diversifizierung des Arbeitsmarkts in New Mexico zur Folge hatte und die ethnizitätsbezogenen gesellschaftlichen Disparitäten auch im sozioökonomischen Bereich untermauerte. Dies entspricht dem buchstäblichen Selbstverständnis von Hispanics in New Mexico als ‚foreigners in their own land'.

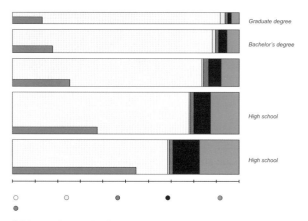

Bildungsniveau der Bevölkerung ab 25 Jahren in New Mexico, 1990. Quelle: U.S. Census 1990, eigene Berechnungen

❷ Mit dem Begriff des Bildungsniveaus wird der höchste Bildungsabschluß bezeichnet, den ein Bildungsteilnehmer an einer Schule oder Universität erwirbt. Wie sich am unterschiedlichen Umfang der in der Abbildung dargestellten Bildungssegmente erkennen läßt, sind Personen mit höherem Studienabschluß in New Mexico zahlenmäßig deutlich schwächer vertreten als Absolventen einer *High School* ohne Studienerfahrung. Hinsichtlich der ethnischen Differenzierung der Bildungsteilnehmer ist zu beobachten, daß der Anteil der weißen Bevölkerung von knapp 70% im niedrigsten Bildungssegment bis zu beinahe 90% im obersten Segment ansteigt. Umgekehrt stellen Hispanics im niedrigsten Segment über 50%, die sich zum höchsten Bildungsniveau hin kontinuierlich bis auf kaum über 10% verringern. Die asiatische folgt dem Muster der weißen Bevölkerung, die indianische dem der Hispanics. Dieses Bild einer ethnischen Differenzierung des Bildungsniveaus gilt in ähnlicher Weise auch für andere Bundesstaaten sowie auf gesamtstaatlicher Ebene in den USA.

Statistische Auswertungen zur Erklärung des hispanischen Bildungsniveaus auf Grundlage der Volkszählung von 1990 ergeben, daß das Bildungsverhalten nicht nur mit der Ethnizität der Bevölkerung, sondern auch mit deren sozioökonomischen Verhältnissen stark korreliert. Ein Zusammenhang des Bildungsverhaltens mit Einkommen und Beruf gilt gleichermaßen für die eigene Karriere auf Grundlage eines bereits erworbenen Bil-

wie für die elterliche finanzielle Situation im Hinblick auf einen zu erwerbenden Bildungsabschluß der Kinder. Dieses Phänomen einer sozialen Reproduktion, die auch außerhalb des Bildungsbereichs zu beobachten ist, kann mit der *Théorie de la Pratique* des Soziologen Pierre BOURDIEU erklärt werden. In seinen Untersuchungen zur Vererbung kulturellen und ökonomischen Kapitals interpretiert BOURDIEU das Bildungsniveau als Ausdruck und Mechanismus einer gesellschaftlichen Stratifikation. In diesem Sinne fungiert das Bildungswesen als eine maßgebliche Instanz, welche die gesellschaftliche Positionierung innerhalb der Bevölkerung vornimmt, legitimiert und schließlich reproduziert.

> *On the first day of school I awoke with a sick feeling in my stomach. It did not hurt, it just made me feel weak [...].*
>
> *"You are to bring honor to your family," my mother cautioned. "Do nothing that will bring disrespect on our good name" [...].*
>
> *"Ay! What good does an education do them," my father filled his coffee cup [...]. "In my own day we were given no schooling. Only the ricos could afford school. Me, my father gave me a saddle blanket and a wild pony when I was ten. There is your life, he said, and he pointed to the llano. So the llano was my school, it was my teacher, it was my first love "*
>
> *"Ay, but those were beautiful years," my father continued. "The llano was still virgin, there was grass as high as the stirrups of a grown horse, there was rain and then the tejano came and built his fences, the railroad came, the roads it was like a bad wave of the ocean covering all that was good"*

'Bless Me, Ultima', Rudolfo ANAYA 1972

❸ Ausgangspunkt für eine Interpretation des statistischen Zusammenhangs zwischen den Variablen Ethnizität und Bildungsniveau ist die Frage, was Ethnizität bedeutet und wie diese entsteht. US-amerikanische Volkszählungsdaten beruhen auf Selbsteinschätzung der Probanden als zugehörig zur Kategorie der *Hispanic origin*, womit Spanischsprachigkeit, hispanische Abstammung oder Identifikation mit hispanischer Kultur gemeint ist. Dementsprechend kann kulturelle Identität als Entwurf eines Selbst und als Ausdruck von Zugehörigkeitsempfinden verstanden werden. Sie verleiht Orientierung und Sicherheit in Form bestimmter Bezugspunkte, auf denen das Verhältnis zwischen einem Subjekt und dessen Umgebung basiert. Der gesellschaftlichen Konstruktion von Identität liegt in der Regel eine zweipolige Struktur von Eigenem und Fremdem zugrunde, derzufolge jeweils bestimmte Eigenschaften und Bewertungen als Oppositionspaare zugeordnet werden. Entsprechend diesem Prinzip der Konstruktion von Differenz sind Identifikation und Abgrenzung in der gesellschaftlichen Praxis sehr eng miteinander verbunden bzw. bedingen sich gegenseitig. Als Träger von Identität können neben Ethnizität beispielsweise auch physiognomische Merkmale, Alter, Geschlecht, sozioökonomische Situation sowie Sprache, Religion, Kultur oder Tradition fungieren.

❹ Die grundlegende Bedeutung kultureller Identität für das Bildungsverhalten der hispanischen Bevölkerung veranschaulicht der Roman *Bless me, Ultima* mit einer Beschreibung des ersten Schultags des sechsjährigen Protagonisten Antonio, der ohne englische Sprachkenntnisse eine *High School* in Santa Rosa im östlichen New Mexico besucht.

Antonio sieht sich dem zukunftsgerichteten Erwartungsdruck seiner Mutter ausgesetzt, die von ihrem Sohn einen erfolgreichen Schulbesuch verlangt, der in ihren Augen die Grundlage für einen späteren beruflichen und gesellschaftlichen Aufstieg darstellt. Der Vater hingegen tut seine Geringschätzung für die Schule kund und bezweifelt den praktischen Nutzen einer Ausbildung durch diese Institution. Die unterschiedlichen elterlichen Einstellungen verdeutlichen die gegebene Normativität jedes Bildungswesens, da es prinzipiell an einen zeitlichen, räumlichen und ideologischen Kontext gebunden ist. Der heranwachsende Antonio sucht Orientierung und zögert angesichts der widersprüchlichen Erwartungen, die an ihn gestellt werden. Seine Aufgabe ist es, im Laufe des Romans eine eigene Identität auszubilden – sich zu entscheiden, ob er eher der Mutter oder dem Vater zuneigt. Antonio befindet sich im Zwischenraum zweier kultureller Systeme. Folgt er der traditionellen Perspektive des Vaters, so wird er mit wenig schulischem Engagement und entsprechend geringem Bildungserfolg das in der angloamerikanischen und hispanischen Gesellschaft gleichermaßen vorherrschende Bild eines Hispanic bestätigen. Nimmt er jedoch, wie von der Mutter gewünscht, die Herausforderung an und absolviert nach der *High School* möglicherweise sogar ein Universitätsstudium, so wird er im angloamerikanischen Wertesystem Anerkennung finden, im hispanischen auf Skepsis stoßen. Er wird eine Identität als Hybrid zweier Wertesysteme ausbilden, da ihn sein Bildungserfolg der hispanischen Tradition entfremdet, ihn aber nur teilweise in die angloamerikanische Gesellschaft integriert.

Die Problematik, die sich im Bildungswesen wie in anderen Bereichen ergibt, liegt darin, daß ausgehend von der Ethnizität bzw. vom ihr zugrundeliegenden kulturellen Wertesystem Erwartungen projiziert werden, die das Individuum in Zwiespalt drängen. Die Außenwelt kann aus dem Blickwinkel unterschiedlicher kultureller Wertesysteme betrachtet werden. Familie bedeutet in der angloamerikanischen Kultur nicht dasselbe wie in der hispanischen, und genauso differieren die Einstellungen gegenüber der Arbeitswelt oder dem Bildungswesen. Infolgedessen wird der Bildungserfolg oder -mißerfolg eines Hispanic in der alltäglichen Praxis nicht unabhängig von dessen Ethnizität bewertet. Dieses Phänomen gilt prinzipiell auch für geschlechts- oder schichtspezifische Erwartungen, ist aber in New Mexico besonders an ethnische und kulturelle Identität gebunden. Die angloamerikanische ist gegenüber der hispanischen und indianischen Bevölkerung im Vorteil, denn das vorherrschende Bildungswesen ist wie auch andere gesellschaftliche Bereiche gemäß angloamerikanischen Wertvorstellungen strukturiert und ein Bildungserfolg geht in der Regel mit günstigen sozioökonomischen Verhältnissen einher.

Tim Freytag
tim.freytag@urz.uni-heidelberg.de

Grenzüberschreitendes Bildungsverhalten
zwischen Ciudad Juárez (Mexiko) und El Paso (USA)

Einschlägigen sozioökonomischen Indices zufolge liegen Welten zwischen dem hochentwickelten Industrieland der Vereinigten Staaten von Amerika und seinem mexikanischen Nachbarn. Eine scharfe Trennlinie verläuft zwischen den durch mehrere Brücken über den Rio Grande miteinander verbundenen Grenzstädten Ciudad Juárez und El Paso. Ungeachtet der mit hohem finanziellen und personellen Aufwand betriebenen US-amerikanischen Kontroll- und Sicherungsmaßnahmen entlang der territorialpolitischen Grenze bestehen weitreichende soziale und wirtschaftliche Verflechtungen. Beiderseits der 150 Jahre alten Grenze erweisen sich Elemente hispanischer Tradition und Kultur als äußerst persistent, und weite Teile der Bevölkerung können als bikulturell charakterisiert werden. Sie sind mehr oder minder zweisprachig, besitzen familiäre und berufliche Bindungen in beiden Teilen der Agglomeration und gelegentlich sogar eine doppelte Staatsangehörigkeit. In einem von der Deutschen Forschungsgemeinschaft geförderten Projekt wurden die Rolle des Bildungswesens und die Möglichkeiten grenzüberschreitender Bildungsbeteiligung für die Bevölkerung dieses durch wirtschaftliche Dynamik und starke sozioökonomische Disparitäten geprägten Grenzraums exemplarisch untersucht.

❶ Einflußfaktoren des Bildungsverhaltens
❷ Bildungseinrichtungen im Vergleich
❸ Fazit

Die binationale Agglomeration von El Paso und Ciudad Juárez.
Photo: HELMS

❶ Als **drei grundlegende Einflußfaktoren** des Bildungsverhaltens gelten der familiäre Hintergrund des Bildungsteilnehmers, dessen individuelle Fähigkeiten und Motivation sowie die Erreichbarkeit und Qualität der vorhandenen Bildungsinfrastruktur (MEUSBURGER 1998). Ergänzend konnte in einem vorausgehenden Forschungsprojekt zu Bildungsbeteiligung und Bildungserfolg der hispanischen Bevölkerung im US-amerikanischen Bundesstaat New Mexico die maßgebliche Bedeutung

kultureller Identität für das Bildungsverhalten unter Betonung der unterschiedlichen Konnotation institutionalisierter Bildung im Vergleich hispanischer und angloamerikanischer Wertesysteme herausgearbeitet werden (FREYTAG 2001). Im Fall der Zwillingsstädte Ciudad Juárez und El Paso kommt jedoch mit der dynamischen **wirtschaftlichen Entwicklung** der vergangenen Jahre und einer damit einhergehenden Aufbruchstimmung in bestimmten Kreisen der Gesellschaft ein entscheidender Faktor hinzu, der junge Mexikanerinnen und Mexikaner mit der Aussicht auf berufliche Karrieremöglichkeiten und den Erwerb sozialen Prestiges verstärkt zu grenzüberschreitendem Bildungsverhalten bewegt.

❷ Während in den Vereinigten Staaten die Entscheidungsbefugnisse der lokalen Schulbehörden besonders weitreichend sind, verfügt Mexiko über ein eher zentralstaatlich organisiertes Bildungswesen. In beiden Staaten bestehen erhebliche Qualitätsunterschiede zwischen öffentlichen und privaten Einrichtungen. Bei einem tendenziellen Überwiegen der mexikanischen gegenüber den US-amerikanischen Bildungspendlern lassen sich für die einzelnen Etappen im Verlauf des Bildungswegs unterschiedliche Anreize und Hindernisse für den grenzüberschreitenden Besuch von Bildungseinrichtungen identifizieren.

Der **primäre Bildungsbereich** besteht in den Vereinigten Staaten aus der *Elementary School* und in Mexiko aus der *Primaria*. Private mexikanische Grundschulen haben einen besonders guten Ruf, da den Schülern bei qualitativ hochwertigem Unterricht und einer entsprechend guten technischen Ausstattung nicht nur spanische Sprache und Kultur, sondern zugleich fundierte Kenntnisse des Englischen vermittelt werden. Da US-amerikanische Grundschulen in der Regel keinen oder nur unzureichenden Spanischunterricht anbieten und auch in qualitativer Hinsicht nicht besonders hervorstechen, entscheiden sich in El Paso lebende sozial besser gestellte *Hispanics* bzw. *Mexican Americans* in einzelnen Fällen dafür, ihre Kinder eine private Grundschule in Ciudad Juárez besuchen zu lassen.

Im **sekundären Bildungsbereich** läßt sich ein zahlenmäßig etwas bedeutenderes grenzüberschreitendes Bildungsverhalten mit Zielrichtung auf US-amerikanische *Middle Schools* und *High Schools* beobachten. Die Hauptmotivation für die mexikanischen Schüler, die sich gegen den Besuch einer mexikanischen *Secundaria* in Ciudad Juárez entscheiden, ist der angestrebte Erwerb fundierter englischer Sprachkenntnisse und eines anerkannten US-amerikanischen Bildungsabschlusses, der sowohl den Zugang zu einer US-amerikanischen Hochschule erleichtert als auch die Möglichkeiten am Arbeitsmarkt auf beiden Seiten der Grenze verbessert. Mit Ausnahme einzelner Eliteschulen der gehobenen Wohnviertel verfügen diese Einrichtungen, deren Schülerschaft sich interner Schulstatistiken zufolge zu 75 bis 95% aus *Hispanics* rekrutiert, gewöhnlich über zweisprachige Unterrichtsprogramme. Für den Schulbesuch ist keine Aufnahmeprüfung erforderlich, sondern lediglich der angesichts vielfältiger familiärer Bindungen meist unproblematische Nachweis einer Wohnadresse in den USA.

Einem **Hochschulstudium** geht in Mexiko der erfolgreiche Besuch einer noch dem gehobenen sekundären Bildungsbereich zuzurechnenden *Preparatoria* voraus, während das Studium in den USA direkt nach Abschluß der *High School* begonnen werden kann. Alternativ ist der Besuch eines *Community College* möglich, das sich mit seinem eher praxisbezogenen Curriculum an Studierende richtet, die primär eine berufliche Qualifikation anstreben. Für die Zulassung verlangen die US-amerikanischen Institutionen von mexikanischen Studierenden das erfolgreiche Absolvieren eines standardisierten Sprachtests. Die Studiengebühren entsprechen den reduzierten Tarifen, wie sie für die heimische Bevölkerung in El Paso gelten, liegen aber dennoch höher als in Ciudad Juárez. Im Laufe des Studiums absolvieren zahlreiche Mexikaner einen Studienabschnitt in den USA, um einen prestigeträchtigeren Abschluß zu erwerben und zugleich ihre Englischkenntnisse zu perfektionieren. Ziel dieser Mexikaner ist jedoch in der Regel keine dauerhafte Auswanderung in die USA, sondern nach Abschluß des Studiums in den USA eine Rückkehr ins mexikanische Ciudad Juárez, um in der binationalen Agglomeration eine gehobene berufliche Tätigkeit z. B. in einem Maquiladorabetrieb auszuüben.

Die höheren Bildungseinrichtungen von El Paso und insbesondere die *Colleges* der University of Texas at El Paso fungieren in der Weitergabe von Fachwissen als Relaisstation. Die beschäftigten Professoren kommen aus den gesamten USA und geben ihr Wissen an Studierende weiter, die in der Grenzregion verbleiben und die erworbenen Kenntnisse zum Teil auch

Wartezeiten bei der Einreise in die USA am Grenzübergang ‚Santa Fe Street Bridge' von Ciudad Juárez nach El Paso. Photo: HELMS

nach Mexiko tragen, um sie dort beruflich einzusetzen und unter Umständen auch selbst als Lehrende weiterzuvermitteln. Trotz der weiterhin großen Prestigeunterschiede zwischen Mexiko und den USA vollzieht sich damit ein gegenseitiger Angleichungsprozeß im Hinblick auf Qualität und Inhalte der universitären Ausbildung, was durch gegenseitige Kooperationen und Austauschprogramme noch verstärkt werden kann. Die Nachbarschaft erweist sich auch in der Forschung als besonders attraktiv, da vielfältige Möglichkeiten bestehen, um Drittmittel für politisch ausdrücklich befürwortete grenzüberschreitende Kooperationsprojekte einzuwerben. Die US-amerikanische Seite sieht eine moralische und pragmatische Notwendigkeit, beiderseitige Probleme in der Grenzregion, wie etwa Wasserknappheit, Umweltbelastung, Flächenversiegelung, Armut und Kriminalität gemeinsam zu bewältigen. Eine kulturelle Öffnung gegenüber dem mexikanischen Nachbarn wird überdies als Möglichkeit gewertet, internationale Erfahrungen zu sammeln und eine verstärkte Identitätsbildung für den Hochschulstandort in der Grenzregion zu erzielen.

❸ Die enge funktionale Verflechtung von El Paso und Ciudad Juárez läßt sich im Bildungswesen anhand institutioneller Kooperationen und eines grenzüberschreitenden Bildungsverhaltens der Bevölkerung beobachten, dessen Tradition bis in das beginnende 20. Jh. zurückgeht und das sich während der 1990er Jahre deutlich intensivieren konnte. Es überwiegt die Bildungswanderung von Mexiko in die Vereinigten Staaten, als deren wichtigste Motivation der Erwerb von Englischkenntnissen sowie prestigereichen und qualitativ hochwertigen Abschlüssen des höheren Bildungswesens in den USA angeführt werden können. Grenzüberschreitendes Bildungsverhalten ist eine Grundlage für den sozialen und wirtschaftlichen Zusammenhalt der binationalen Agglomeration. Zugleich bewirken die zunehmende Bildungsbeteiligung und das starke Wirtschaftswachstum auf der mexikanischen Seite jedoch eine Verstärkung der vorhandenen sozioökonomischen Disparitäten zu Lasten sehr armer und nichtenglischsprachiger Bevölkerungsgruppen, bei denen es sich häufig um Zuwanderer aus anderen Teilen Mexikos und den südlich angrenzenden lateinamerikanischen Staaten handelt.

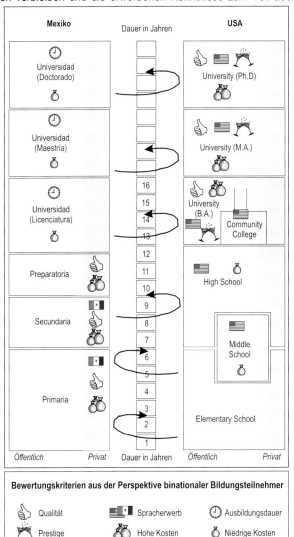

Unterschiedliche Motivation für ein grenzüberschreitendes Bildungsverhalten aus der Perspektive US-amerikanischer und mexikanischer Bildungsteilnehmer. Entwurf: FREYTAG (2002)

Tim Freytag
tim.freytag@urz.uni-heidelberg.de

New York City und der 11. September 2001

Für New York City können zahlreiche Superlative bemüht werden. Der Finanzdistrikt in Lower Manhattan gilt – etwas zugespitzt formuliert – als der Kristallisationskern des Zentrums der führenden Metropole in der ökonomisch wichtigsten Region der bedeutendsten Wirtschaftsmacht des Globus. Die kulturelle und ökonomische „Welthauptstadt" hat wie keine zweite Metropole den Verlauf des 20. Jhs. geprägt. Ob New York und Manhattan diese Rolle auch im 21. Jh. erfüllen werden, mußte bereits vor den Ereignissen des 11. September 2001 unsicher erscheinen. Der Anschlag auf das *World Trade Center* führte die Verletzlichkeit (Vulnerabilität) der Weltmetropole drastisch vor Augen. Mehrere geographische Faktoren tragen zur Verwundbarkeit Manhattans bei und können erklären helfen, warum sich das grausame Terrorszenario gerade in New York abspielen mußte:

❶ Topographische Lage
❷ Verdichtung
❸ Erschließung durch öffentliche Verkehrsmittel
❹ Symbolik der *Wall Street*

Topographische Lage New Yorks mit dem natürlichen Hafen der Upper Bay *als wichtigstem Standortvorteil der historischen Stadtentwicklung. Quelle:* BURNS / SANDERS *(1999, 4)*

❶ New Yorks topographische Lage bedeutete einen entscheidenden Wettbewerbsvorteil in der Rivalität der Metropolen um die ökonomische Vorherrschaft in den USA (GAMERITH / MESSOW 2000). Die stark gegliederte Küste mit ihren zahlreichen Buchten, Inseln und Halbinseln in der Mündung des Hudson River bot einen strategisch idealen Standort für die niederländische koloniale Gründung *Nieuw Amsterdam* zu Beginn des 17. Jhs. Aus heutiger Sicht ist die feine Gliederung des Küstenraums zu einer kostspieligen Hypothek geworden. Manhattan, das Herz der Agglomeration, hängt am „Tropf" der übrigen Stadtteile und ist nur über meist desolate und überfüllte Brücken und Tunnels erreichbar, deren Kapazitätsgrenzen oft überschritten sind und deren Unterhalt und laufende Reparaturkosten das Budget der Stadt spürbar belasten. Auch wenn es nach dem 11. September 2001 nach purem Zynismus klingen mag: Manhattan ist am besten und schnellsten aus der Luft zu erreichen (GAMERITH 2002a).

❷ Manhattan stellt eine der größten Arbeitsplatzkonzentrationen der Welt dar. Hinzu kommt die Funktion als Wohnstandort für mehr als 1,53 Mio. Menschen (2000), trotz hoher und höchster Preise für Wohnimmobilien. Im Finanz-, Versicherungs- und Immobiliensektor ballen sich mehr als 80% der Arbeitsplätze dieser Sparte der gesamten Stadtregion auf Manhattan; die Jobs der Werbebranche und des Wertpapierhandels sind nahezu geschlossen auf die Insel Manhattan konzentriert. Innerhalb Manhattans zeigt sich eine weitere Verdichtung auf einige wenige Geschäftsareale. In *Midtown Manhattan* dominieren die großen Konzernzentralen des Werbungs- und Marketingsektors, der Unterhaltungsindustrie und des Verlagswesens. Etwas weiter südlich hat sich ein sekundäres Zentrum, *Midtown South*, entwickelt, in dem vor allem Unterneh-

Lower Manhattan *mit den Zwillingstürmen des* World Trade Center, *im Hintergrund der Turm des* Empire State Building. *Photo:* GAMERITH *(1997)*

men der Versicherungsbranche lokalisiert sind. Die multinationalen Unternehmen des Finanz- und Anlagengeschäfts konzentrieren sich in *Lower Manhattan*, an der Südspitze der Insel im Bereich der *Wall Street*. Potentiellen Attentätern muß diese Ballung von Menschen und Infrastruktur auf engem Raum sehr gelegen kommen.

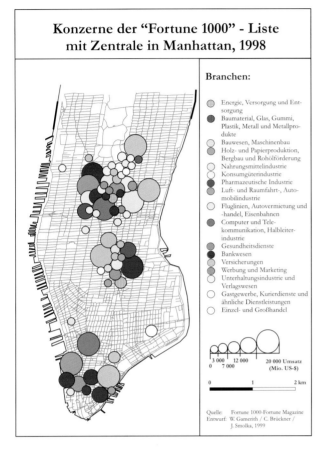

Konzerne der "Fortune 1000" - Liste mit Zentrale in Manhattan, 1998

Branchen:

- Energie, Versorgung und Entsorgung
- Baumaterial, Glas, Gummi, Plastik, Metall und Metallprodukte
- Bauwesen, Maschinenbau
- Holz- und Papierproduktion, Bergbau und Rohölförderung
- Nahrungsmittelindustrie
- Konsumgüterindustrie
- Pharmazeutische Industrie
- Luft- und Raumfahrt-, Automobilindustrie
- Fluglinien, Autovermietung und -handel, Eisenbahnen
- Computer und Telekommunikation, Halbleiterindustrie
- Gesundheitsdienste
- Bankwesen
- Versicherungen
- Werbung und Marketing
- Unterhaltungsindustrie und Verlagswesen
- Gastgewerbe, Kurierdienste und ähnliche Dienstleistungen
- Einzel- und Großhandel

3 000   12 000   20 000 Umsatz
0   7 000   (Mio. US-$)

0   1   2 km

Quelle: Fortune 1000-Fortune Magazine
Entwurf: W. Gamerith / C. Brückner /
J. Smolka, 1999

❸ Die Erschließung Manhattans und des Geschäftszentrums rund um das ehemalige *World Trade Center* durch öffentliche Verkehrsmittel muß als unzureichend gelten. Besonders für die Einpendler aus dem suburbanen Bereich (New Jersey, Long Island) ist der Finanzdistrikt in *Lower Manhattan* nur mit beträchtlichem zeitlichen Aufwand erreichbar, der sich aus dem notwendigen Umsteigen von den Vorortezügen auf einen innerstädtischen Verkehrsträger ergibt. Die beiden Zielbahnhöfe der Pendlerzüge aus den Vororten, *Pennsylvania Station* und *Grand Central Station*, bilden den Flaschenhals im öffentlichen Verkehrssystem Manhattans. Sie müssen einen Großteil des täglichen Einpendlerstroms bewältigen. Aus der Sicht einer effizienten Stadt- und Verkehrsplanung muß es geradezu grotesk erscheinen, daß *Lower Manhattan* mit seiner Konzentration an Arbeitsplätzen und Einwohnern (Chinatown; Greenwich Village) keinen unmittelbaren Anschluß an das regionale Eisenbahnnetz besitzt (mit der Ausnahme eines seit dem 11. September 2001 nicht benutzbaren Zweigs der PATH-Linie aus New Jersey), sondern ausschließlich vom U-Bahn- und Bussystem der Stadt abhängig ist. Die gravierenden Nachteile einer solch mangelhaften verkehrstechnischen Anbindung sind im Falle einer Katastrophe wie der des 11. September 2001 evident. Es steht zu vermuten, daß die Verantwortlichen des Angriffs auf das *World Trade Center* mit diesem Umstand kalkulierten und die erschwerten Bedingungen einer plötzlichen Evakuierung des *WTC*-Areals in Kauf nahmen.

❹ Der Wahl Manhattans und des *World Trade Centers* als Ziel der Attacke des 11. September 2001 liegen ohne Zweifel auch symbolische Motive zugrunde (GAMERITH 2002b). New York und seine Skyline bilden die Allegorie des kapitalistischen Wirtschaftssystems und seines scheinbar grenzenlosen Erfolgs; das *World Trade Center* als höchstes (Doppel-)Gebäude der Stadt nimmt dabei eine herausragende Position ein. Mit den einstürzenden Zwillingstürmen sollte auch der Nimbus der Stadt als Welthandelszentrum und wichtigster Börsenplatz der Welt zu Fall gebracht werden.

In den ersten Stunden und Tagen nach "nine-eleven" breiten sich Entsetzen und Lähmung in einem bisher ungekannten Ausmaß über die Insel Manhattan aus. *Downtown* südlich der *Canal Street* wird zum Sperrbezirk erklärt und mehr oder weniger hermetisch vom Rest der Stadt isoliert. Eine unmittelbare Schadensbilanz scheint zunächst nur für die zerstörten und beschädigten Büroflächen machbar; das persönliche Leid entzieht sich allen Versuchen einer auch nur vorläufigen Bilanzierung. Wochen und Monate nach dem Anschlag werden die New Yorker auch der mittelbaren Terrorfolgen gewahr. Führende Firmen der Finanzbranche erwägen ernsthaft eine Verlagerung ihrer Aktivitäten in suburbane Gebiete auf Long Island, in New Jersey oder in Connecticut. Selbst vorübergehende Ausweichquartiere werden oft durch fünf- bis zehnjährige Mietverträge gesichert. Zehntausende Arbeitskräfte, vor allem aus dem Segment der Routinedienstleistungen, werden auf die Straße gesetzt. Wohl am schwersten wiegen jedoch die zunehmende Verunsicherung und Angst der New Yorker vor neuen Attentaten, die allgemein skeptische Einschätzung über die wirtschaftliche Regeneration der Stadt und die Fähigkeit der *Wall Street*, in der Bewertung der Analysten und Händler auch in Zukunft *die* Finanzkapitale der Welt zu bleiben. Der 11. September 2001 hat Manhattan wie kein anderes Ereignis zuvor verändert.

Verluste und Schäden	Mrd. US-$
Verluste an Humankapital (Tote, Vermißte)	11
Gebäudeverluste, -schäden im WTC-Areal	34
unmittelbare Verluste und Schäden	*45*
Aufräum- und Rettungsarbeiten, Sicherungsmaßnahmen, Polizei	14
mittel- und langfristige Verletzungen, Krankenstände, psychische Traumata	3
Geschäftsunterbrechungen, Rekrutierung und Ausbildung neuer Arbeitskräfte, Arbeitslosigkeit	21
Entgangene Mieteinnahmen durch Verlagerung von Arbeitsplätzen aus New York City	1
Entgangene Löhne und Steuern durch Verlagerung von Arbeitsplätzen aus New York City	3
mittelbare Verluste und Schäden	*42*
Gesamtverluste und –schäden für das Fiskaljahr 2002	87

Ökonomische Verluste und Schäden des Anschlags auf das WTC für New York, Schätzwerte für das Fiskaljahr 2002 (01.07.2001 bis 30.06.2002). Quelle: HEVESI (2001, iii)

Werner Gamerith
werner.gamerith@urz.uni-heidelberg.de

77

Raumzeitliche Beziehungsstrukturen kleinbäuerlicher Organisationen als Netzwerke im neoliberalen Kontext

Ausgehend von einer agrargeographischen Gliederung Chiles und einer Bestandsaufnahme der Kleinbauernorganisationen konzentriert sich das DFG-Projekt auf die Untersuchung von Kleinbauern und deren Organisationen als Netzwerke. Dabei treten die Prioritäten, die diese Individuen und Organisationen als Netzknoten hinsichtlich bestimmter interessegeleiteter Konstellationen setzen, und folglich die Pfade, die sie aktivieren, um diese durchzusetzen, ins Zentrum der Forschung. Denn durch Interaktionen entstehen Strukturen von unterschiedlicher Dichte und dreidimensionaler Anordnung und somit verschiedene zeitliche und räumliche Muster. Hervorgehoben werden vor allem die Beziehungen von Kleinbauernorganisationen untereinander sowie zu ihren Mitgliedern und darüber hinaus ihre Beziehungen zu staatlichen und/oder nichtstaatlichen Organisationen, u. a. als *PPP (Public Private Partnership)*.

❶ Darstellung der Untersuchungsgebiete
❷ Förderung der Wettbewerbsfähigkeit durch wirtschaftliche Integration
❸ Institutionelle Rahmenbedingungen und Strategien zur Förderung der Wettbewerbsfähigkeit der kleinbäuerlichen Landwirtschaft

❶ Die empirische Datenerhebung wurde in drei ausgewählten Untersuchungsregionen durchgeführt, die unterschiedliche agroökologische sowie sozial- und wirtschaftsgeographische Merkmalsausprägungen aufweisen. Das nördlichste Untersuchungsgebiet, die IV. Region *(Región de Coquimbo)* ist charakterisiert durch eine klimatisch bedingte intensive Bewässerungslandwirtschaft, die durch zahlreiche von Stauseen gespeiste Bewässerungskanäle ermöglicht wird. Die Hauptprodukte stellen *Cash-crops* wie Obst (Tafeltrauben) und Gemüse dar. Darüber hinaus ist diese Region das Zentrum der chilenischen Piscoproduktion (eine Art Traubenschnaps), die von zwei großen Genossenschaften, *Cooperativa Capel* und *Control*, dominiert wird. Daneben finden sich traditionell landwirtschaftliche, auf den Regenfeldbau beschränkte Betriebe, die oftmals in den sogenannten *„Comunidades Agrícolas"* organisiert sind und auf Erbfolgen, die ihren Ursprung in der Kolonialzeit haben, zurückgehen. Extensiver Anbau von Getreide und vor allem die Ziegenhaltung sowie die Herstellung von Ziegenkäse dominieren dabei.

Die VI. Region *(Región del Liberador Bernardo O'Higgins)*, die südlich an die *Región Metropolitana*, den dominierenden Ballungsraum Chiles anschließt, zeichnet sich durch enorme räumliche Disparitäten aus. In der hochproduktiven Zentralzone *(Valle Central de Riego)* ist, begünstigt durch ein mediterranes Klima, exzellente edaphische Voraussetzungen und gute Bewässerungsmöglichkeiten, der erfolgreiche Anbau zahlreicher Intensivkulturen wie Obst und Gemüse sowie Weinproduktion möglich. Dieser agrarwirtschaftliche Gunstraum unterscheidet sich somit stark von dem im Westen in der Küstenkordillere gelegenen Regenfeldbaugebiet *(Secano Costero* und *Interior)*, das zwar gewisse landwirtschaftliche Potentiale aufweist, aber im allgemeinen durch den Anbau von traditionellen Körnerfrüchten, wie Weizen, die Schafzucht sowie einen relativ hohen Anteil an Subsistenzbetrieben gekennzeichnet ist.

Die X. Region *(Región de los Lagos)*, in der ein feucht-gemäßigtes Klima herrscht, ist charakterisiert durch den Anbau von Getreide und Hackfrüchten und vor allem die Produktion von Milch. Im Jahr 2001 wurden etwa 66% der gesamten in Chile erzeugten Frischmilch in dieser Region an die Agroindustrie abgeliefert. Daneben treten noch kulturgeographische Besonderheiten hervor. Aufgrund der Kolonisation im 19. Jh. gibt es hier zahlreiche Nachkommen deutscher Einwanderer und außerdem einen relativ hohen Prozentsatz an indigener Bevölkerung, die jedoch oftmals unter sehr ärmlichen Verhältnissen lebt.

❷ Die Verbesserung der Wettbewerbsfähigkeit kann auf einzelbetrieblicher Ebene u. a. durch einen effektiveren und wirtschaftlicheren Einsatz der vorhandenen Produktionsfaktoren erzielt werden.

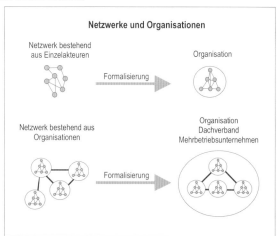

Darstellung der unterschiedlichen Ausprägungen von Netzwerken und Organisationen. Entwurf: MIKUS / BARTH (2002)

Aufgrund zahlreicher externer wie auch interner Faktoren reicht dies bei kleineren Landwirten jedoch oftmals nicht aus, um langfristig auf größeren Märkten erfolgreich bestehen zu können. Um diese Nachteile zu kompensieren, wird in Zukunft – neben zahlreichen anderen Strategien – insbesondere die Kooperationsbereitschaft der Landwirte ein wichtiger Faktor für das Bestehen und Überleben der bäuerlichen Landwirtschaft gegenüber anderen Unternehmensformen sein. Aus der Kooperation können die folgenden betriebswirtschaftlichen Vorteile resultieren:
➢ Senkung der Produktionskosten durch gemeinsame Nutzung von Infrastruktur
➢ verbesserte Marktanbindung
➢ Verringerung der Transaktionskosten
➢ verbesserter Zugang zu Informationen
➢ erhöhte und beschleunigte Diffusion von Innovationen

Dabei sind Kooperationen unter Individuen als auch unter Organisationen oder Netzwerken möglich.

Im Allgemeinen wird der Grad der Einbindung (Vernetzung) als soziales Kapital *(social capital)* bezeichnet. Dieser Begriff umschreibt Netzwerke und Organisationen sowie formgebundene und formlose Regelwerke, die Akteure aktivieren, um so Einfluß auf ihre eigene Entwicklung auszuüben. Auf der Mikroebene bedeutet dies z. B. die Verbesserung der kommunalen und regionalen Märkte, auf makro-ökonomischer Ebene rücken dagegen Institutionen sowie legale Rahmenbedingungen in den Mittelpunkt des Interesses. Eine weit verbreitete Rechtsform, die von Kleinbauern in Chile seit Jahren genutzt wird, um die horizontalen Beziehungen zu formalisieren, stellt die Genossenschaft *(Cooperativa)* dar. Daneben sind noch Gewerkschaften *(Sindicatos)* und Gremien *(Asociaciones Gremiales)* zu nennen, wobei die beiden letzten aufgrund spezifischer legislativer Rahmenbedingungen in Chile neben repräsentativen und politisch einfordernden auch wirtschaftlichen Aktivitäten nachgehen. Diese Organisationen weisen eine vertikale Integration in Regional- und Nationalverbände auf, wobei die Untersuchung deutlich zeigte, daß die Beziehungspfade zwischen der Basis (Kleinbauern) und der Leitung der Verbände sehr stark gestört sind. Heute herrschen konventionelle Unternehmensformen wie GmbHs und AGs vor. Die Gründung dieser Unternehmen wurde jedoch oftmals von staatlicher Seite *(state-induced)* gesteuert, so daß in den wenigsten Fällen von einer echten *Bottom-up*-Entwicklung gesprochen werden kann. Eine weitere Kooperationsform unter Organisationen stellen die horizontalen produktbezogenen Vermarktungsnetzwerke *(Redes por Rubro)* dar. Bei diesen soll der Nachteil der dezentralen Produktion eines bestimmten Produkts durch eine koordinierte und gemeinsame Vermarktung und die Erreichung einer *economy of scale* ermöglicht werden. Wichtig sind in diesem Zusammenhang auch die Beratungsnetzwerke, die sogenannten *Centros de Gestión,* die in vielen Regionen anzutreffen sind. Ein positives Beispiel der Kooperation unter den Kleinbauern zur Verbesserung der kommunalen Märkte stellen die Zentralen Milchsammelstellen (ZMS) dar, die im Zuge der Abschaffung des Milchkannensystems in der X. Region im Laufe der 1990er Jahre entstanden sind. Die ersten ZMS gehen auf die Motivation der Kleinbauern zurück, während der Agroindustrie (in diesem Fall *Cooperativa Colún*) bei der Finanzierung und dem Technologietransfer eine Schlüsselrolle zukam.

❸ Die Wettbewerbsfähigkeit der Kleinbauern hängt nicht nur von persönlichen oder kollektiven Anstrengungen ab, sondern wird in hohem Maße von institutionellen Rahmenbedingungen bestimmt. Bei der Schaffung von positiven institutionellen Rahmenbedingungen kann Chile seit dem demokratischen Neubeginn im Jahre 1990 erhebliche Fortschritte verzeichnen, die konzeptionell auf den internationalen Vorgaben des *Post-Washington Consensus* beruhen, z. B.:

➢ Gründung von staatlichen Organen zur Armutsbekämpfung, z. B. FOSIS *(Fondo de Solidaridad e Inversión Social)* und CONADI *(Corporación Nacional de Desarrollo Indígena)*
➢ Schaffung verbesserter legislativer Rahmenbedingungen für benachteiligte Gruppen wie die indigene Bevölkerung, z. B. das *Ley Indígena* Nr. 19.253 aus dem Jahre 1993
➢ Ausweitung und Spezifizierung der bestehenden Förderprogramme, beispielsweise seitens des Landwirtschaftministeriums (INDAP, CONAF, INIA, SAG)

➢ verstärkte Koordinierung der Fördermaßnahmen, beispielsweise von SERCOTEC über die Schaffung des *Comité de Asignación Regional (CAR)*
➢ Stärkung der subsektoralen Partizipation durch die Einbeziehung der Kleinbauernvertreter in den agrarpolitischen Entscheidungsprozeß (national und regional)

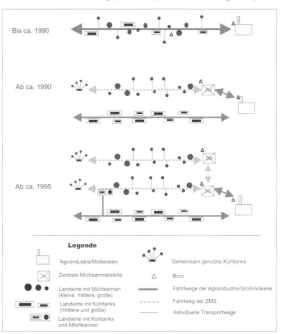

Die Entwicklung von Netzwerken in der Milchwirtschaft zwischen Kleinbauernorganisationen und der Agroindustrie in der X. Region Chiles. Entwurf: MIKUS / BARTH (2002)

Trotz dieser Fortschritte, deren positive Auswirkungen in den Untersuchungsgebieten zu beobachten sind, sollten folgende Punkte beachtet werden, um eine nachhaltige Entwicklung bzw. den Fortbestand des Kleinbauernsektors zu ermöglichen:
➢ Förderung regionaler und kommunaler Infrastrukturprojekte besonders im ländlichen Raum
➢ Fortsetzung bzw. Verstärkung der Dezentralisationsbemühungen (administrativ und wirtschaftlich)
➢ stärkere Beachtung der regionalökonomischen Kreislaufwirtschaften
➢ Förderung bzw. Schaffung einer professionellen Kreditberatung und stärkere Kontrolle der Investitionen und Wertschöpfungen zur Einschränkung von Verschuldung
➢ Aufbau eines staatlich-privaten Versicherungssystems zur Einschränkung der Folgen von Klimakatastrophen und Preisschwankungen
➢ Förderung der Koalitionen zwischen Klein-, Mittel-, Großbauern
➢ Spezialisierung der politischen Programme zur Förderung des Agrarsektors unter besonderer Berücksichtigung der subsektoralen Heterogenität
➢ Berücksichtigung der wachsenden internationalen Konkurrenz (MERCOSUR) und Orientierung auf die globalen Märkte

Fazit: Produktionsnetzwerke müssen im produktiven als auch im staatlichen, sozialen und kulturellen Bereich ineinander greifen, um eine nachhaltige Entwicklung zu sichern.

Werner Mikus
l82@ix.urz.uni-heidelberg.de
Thomas Barth

Geoinformatikforschung am Beispiel eines verteilten, raumzeitlichen Touristeninformationssystems

Am Beispiel eines verteilten, historischen Stadtinformationssystems für Touristen wurden im Projekt *Deep Map* mehrere aktuelle Forschungsthemen der Geoinformatik bearbeitet. Diese betreffen u. a. raumzeitliche Datenmodellierung, verteilte und mobile Systemarchitektur und benutzerzentrierte Tourenplanung. Hierzu wurden verschiedene Prototypen erstellt, die den Benutzer individuell durch fremde Städte und deren Geschichte führen. Hierzu bietet *Deep Map* Touristen über das WWW multimediale Informationen zu Heidelberg sowie dreidimensionale interaktive Besichtigungstouren an. Neben dieser Variante für die Reisevorbereitung wurde in Zusammenarbeit mit Kooperationspartnern ein mobiler elektronischer Reiseführer realisiert, der weitere innovative Aspekte verbindet (ZIPF 2000).

Die mobile Variante verfügte zusätzlich über die Möglichkeit der Sprachein- und -ausgabe. In diesem Rahmen wird jedoch nur auf die hierfür benötigten und im Rahmen von *Deep Map* / GIS realisierten GIS- und Datenbank-Komponenten eingegangen. Verteilt bedeutet hierbei, daß die Funktionen des GIS in einzelnen Komponenten realisiert wurden, die auf auch räumlich getrennten Rechnern installiert werden können und dabei über sogenannte „Middleware" miteinander kommunizieren (ZIPF / ARAS 2001).

❶ Stadtgeschichte Heidelbergs multimedial erleben
❷ Ein Modell für raumzeitliche 4D-Geodaten
❸ Agenten bieten Navigationsunterstützung vor Ort
❹ Von Tourenplanung bis *Virtual Reality*
❺ Danksagung

❶ Touristen stellen eine besonders herausfordernde Klientel dar, da eine bezüglich Bildungsstand, Alter oder Interessen sehr heterogen und anspruchsvolle Gruppe, die keine Einarbeitungszeit für Technikanwendungen akzeptiert. Sie möchten schnell und leicht ihren Interessen entsprechende Informationen zu ihrem Reiseziel finden. Um dies zu ermöglichen, müssen die Daten zunächst entsprechend strukturiert vorliegen. Hierzu wurde eine Datenbank entwickelt, die Informationen zu verschiedenen räumlichen Objekten, wie Sehenswürdigkeiten, aber auch Personen, Ereignissen oder Dokumenten verwaltet (ZIPF et al. 2000; HÄUSSLER 1999). Für diese wurden entsprechende Daten zur Geographie und Stadtgeschichte Heidelbergs recherchiert und in die Datenbank aufgenommen (WEIN-MANN et al. 2000). Die erwähnten unterschiedlichen Objekttypen sind als sogenannte Entitäten modelliert und über Relationen unterschiedlichen Typs sowohl inhaltlich als auch temporal

miteinander verknüpft. Zusätzlich können auch zu den Verknüpfungen weitere Attribute gespeichert werden. Daneben werden multimediale Informationen wie Bilder (z. B. Photos, Kunststiche, Gemälde, Karten), Videos, 3D- oder Audiodateien verwaltet. Insgesamt konnte eine flexible Modellierung der Stadtgeschichte mit den wesentlichen Beziehungen zwischen räumlichen Objekten, Personen und Ereignissen realisiert werden. Die Abbildung zeigt einen Teil der hierzu entwickelten Eingabeoberfläche für die Datenbank. Das bedeutet, daß „Ereignisse" unterschiedliche Verknüpfungen mit Personen, räumlichen Objekten, Dokumenten oder anderen Ereignissen aufweisen können. Dieser ausdrucksstarke Modellierungsansatz ermöglicht die Ablage der Information im richtigen Kontext, d. h. mit den Beziehungen zu relevanten anderen Objekten. Eine Verschlagwortung unterstützt die Erstellung thematisch individuell abgestimmter Tourvorschläge.

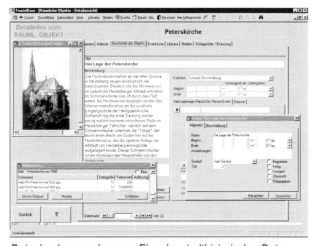

Datenbankanwendung zur Eingabe stadthistorischer Daten

Diese Daten wurden zudem georeferenziert und mit einem parallel entwickelten GIS verbunden. Um diese Informationen den Nutzern über das WWW zur Verfügung zu stellen, wurde eine entsprechende dynamische Internet-Anwendung („WebGIS") realisiert. Diese beinhaltet einen interaktiven Stadtplan, auf dem Sehenswürdigkeiten oder berechnete Routen eingezeichnet werden. Eine erste Version des Systems basierte auf *ArcView* und dem *Internet Map Server* von *ESRI*. Daneben generieren server-seitige Java-Anwendungen (*Servlets*) aus der Datenbank HTML-Seiten mit Informationen über die ausgewählten Sehenswürdigkeiten. Der Nutzer kann seinen Interessen folgend durch Interaktion mit der Karte, angebotene Links oder Suchfunktionen komfortabel geographische, stadt- und kunsthistorische sowie touristische Informationen abrufen.

❷ Bezüglich der Verwaltung stadtgeschichtlicher Informationen interessiert seitens der Geoinformatik vor allem die Verwaltung temporaler Geometriedaten. Doch *Deep Map* geht darüber hinaus: Es werden temporale 3D-Geometrien für Gebäude verwaltet. Hierzu wurde ein objektorientiertes 4D-Datenmodell – mit der Zeit als vierter Dimension – entwickelt. Bei der Datenmodellierung findet die Möglichkeit zu unscharfen zeitlichen Anfragen unterschiedlicher Granularität besondere Beachtung (ZIPF / KRÜGER 2001; 2002). Um das entwickelte Modell mit Daten zu füllen, wurden heterogene Quellen von Geodaten zusammengeführt und hieraus ein 3D-Modell Heidelbergs erstellt.

Web-Seite mit interaktiver Karte und weiteren dynamisch generierten Informationen

❹ GIS können einem Touristen mehr bieten als einen interaktiven Stadtplan mit Datenbankanbindung. GIS verfügen über einen reichen Methodenschatz, der – richtig eingesetzt und verpackt – Besuchern einer Stadt deutlichen Mehrwert verschaffen kann. Die augenfälligste Anwendung ist die Planung von Touren und Hilfe bei der Navigation in fremden Umgebungen. Zu solch realisierten Netzwerkanalysen zählt auch das Finden der Route zu nächstgelegenen Restaurants oder historischen Sehenswürdigkeiten. So kann das Gebiet errechnet werden, das in vorgegebener Zeit erreicht werden kann. Kombiniert mit einer auf die Benutzerinteressen abgestimmten, mehrkriteriellen Parametrisierung des Straßennetzes können so individuell Touren vorgeschlagen werden. Ein Prototyp eines Moduls, das individuelle Besichtigungstouren vorschlägt, wurde vorgestellt (ZIPF / RÖTHER 2000) und in den Web-Prototypen integriert (JÖST 2000). Die Einbeziehung weiterer Kontextparameter wird in einer Folgearbeit von M. JÖST behandelt.

3D-Gesamtmodell Heidelberg

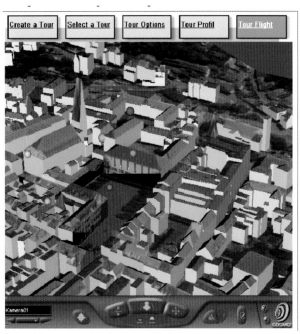

Interaktives virtuelles Stadtmodell Heidelberg

❸ Vor wenigen Jahren kaum denkbar, wird heute die Nutzung auch mobiler GIS-Dienste selbst über Handys und PDAs in Kombination mit Positionierungsdiensten Wirklichkeit. Herkömmliche GIS bieten hierzu jedoch kaum Unterstützung. Daher wurden Schnittstellen und Ontologien für GIS-Komponenten entworfen und realisiert, welche die Anforderungen der weiteren Systemkomponenten geeignet erfüllen. Hierbei kommt eine semantisch angereicherte, an der Sprechakttheorie angelehnte, sogenannte Agentenkommunikationssprache (*Agent Communication Language*, ACL) der *Foundation für Intelligent Physical Agents* (FIPA) zum Einsatz. Auf diese Weise wurden selbstentwickelte GIS-Komponenten durch sogenannte Softwareagenten gekapselt. Diese ermöglichen es den entsprechenden Softwareagenten für Sprachverarbeitung, Raumkognition oder Dialogsteuerung auf für sie optimale Weise raumbezogene Anfragen an das GIS, den Tourenplaner und die Datenbank zu stellen sowie die Ergebnisse auf dynamisch erzeugten Karten darzustellen.

Doch *Deep Map* kann mehr: Dies beinhaltet eine Darstellung der Siedlungsentwicklung oder die Anzeige historischer Hochwasserereignisse. Neben 2D-Karten wurden Module für 3D-Visualisierungen integriert. Eine weitere Java-basierte Komponente bieten die vom GIS errechneten Touren in einer interaktiven VRML-Animation an. Doch besteht für die Darstellung interaktiver dreidimensionaler Stadtmodelle im Internet noch Optimierungspotential, das in Folgearbeiten behandelt wird (ZIPF / SCHILLING 2002).

❺ Das Projekt wurde freundlicherweise von der *Klaus Tschira Stiftung* (KTS), Heidelberg, gefördert und am *European Media Laboratory* (EML) durchgeführt. Die Firma *ESRI++ Geoinformatik GmbH*, Kranzberg, stellte Software zur Verfügung. Digitale Geodaten (Gebäudegrundrisse) wurden vom Vermessungsamt der Stadt Heidelberg bereitgestellt.

Alexander Zipf
zipf@geoinform.fh-mainz.de

WEBGEO – Webbing von Geoprozessen für die Grundausbildung Physische Geographie

WEBGEO ist ein Vorhaben zur Entwicklung multimedialer, webbasierter Lehr-/Lernmodule für die Grundausbildung Physische Geographie. Die Einbeziehung der fachlichen Teildisziplinen Geomorphologie, Klimatologie, Bodenkunde, Biogeographie und Hydrologie umfaßt einen weiten Bereich des Stoffkanons der Physischen Geographie und beinhaltet auch Aspekte der Angewandten Geographie. Fernerkundung und GIS werden als ergänzende, moderne Werkzeuge zur Wissensvermittlung berücksichtigt. Anhand regionaler Beispiele sollen virtuelle Landschaften erstellt werden, die im Sinne einer vernetzten Geographie die einzelnen Geofaktoren integrativ darstellen und eine visuelle Landschaftserkundung ermöglichen.

An dem Vorhaben sind Projektpartner folgender Hochschulen beteiligt:
- ➢ Universität Freiburg: KAMO (zentrale Organisation), Klimatologie, Biogeographie, Hydrologie
- ➢ Pädagogische Hochschule Freiburg: Didaktik
- ➢ Universität Heidelberg: Pedologie
- ➢ Universität Trier: Pedologie
- ➢ Universität Frankfurt: Geomorphologie, Didaktik
- ➢ Universität Halle-Wittenberg: FEVIL (Fernerkundung, virtuelle Landschaften)

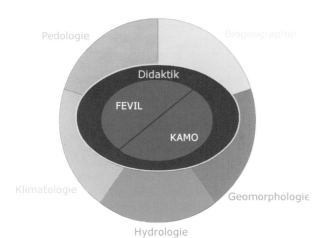

Die Finanzierung von WEBGEO erfolgt durch das BMBF im Rahmen des Zukunftsinvestitionsprogramms (zip) der Bundesregierung. Koordiniert wird der Verbund vom Institut für Physische Geographie der Universität Freiburg.

❶ Projektziele
❷ Mediendidaktisches Konzept
❸ Zielgruppen
❹ Das Teilprojekt Pedo

❶ Fachliches Ziel von WEBGEO ist die Entwicklung multimedialer, internetfähiger Software-Module zum Einsatz in der Lehre in sämtlichen Teilgebieten der Allgemeinen Physischen Geographie. Die Auswahl der Inhalte, die multimediale Informationsaufbereitung sowie die Entwicklung von Nutzungskonzepten werden dabei so gestaltet, daß den Lernenden die Möglichkeit gegeben wird, sich mit den grundlegenden Inhalten der Physischen Geographie vertraut zu machen und das Erlernte anhand von interaktiven Prozeßsimulationen und Übungsaufgaben zu vertiefen und zu überprüfen.

Auf inhaltlicher Ebene werden innerhalb der einzelnen Teilprojekte im Verbundvorhaben WEBGEO folgende Zielsetzungen verfolgt:
- ➢ Ausgleich von Defiziten im Bereich des Vorwissens und Hilfen zur Schließung von Lücken des Abiturwissens
- ➢ Aufbau eines soliden Faktenwissens in den verschiedenen Teilbereichen des Geosystems Erde
- ➢ Verstehen der naturgesetzlichen Kausalketten in Geosystemen
- ➢ Erzeugung eines geowissenschaftlichen Prozeßverständnisses für die verschiedenen Kompartimente der Geo- und Biosphäre
- ➢ Kritische Reflexion des Prozesses der Wissensaneignung, des Gültigkeitsbereiches von Prozeßsimulationen und des Realitätsanspruchs von virtuellen Welten

Als methodische Ziele stehen innerhalb der in WEBGEO konzipierten Lernwelt vor allem die Vernetzung von Wissensstrukturen auf inhaltlicher Ebene und die Erarbeitung von Brückengliedern zwischen verwandten Strukturen in verschieden Teilgebieten im Vordergrund.

Weitere Teilziele sind sowohl die Vernetzung von Wissensstrukturen auf den Ebenen der Lehrenden und der Lernenden als auch die Möglichkeit des Austauschs zwischen verschiedenen Hochschulen mit ihren speziellen Angeboten und Stärken.

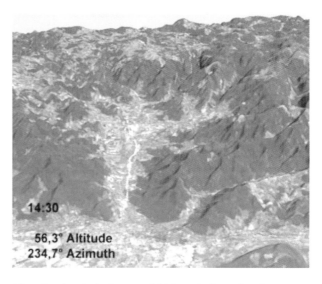

Virtuelle Landschaft aus DGM und Fernerkundungsdaten (Freiburg und Umgebung), Reproduktion mit freundlicher Genehmigung von D. Thürkow (Universität Halle-Wittenberg) © webgeo

❷ Das Projekt WEBGEO zielt auch und besonders auf ein selbstgesteuertes, entdeckendes Lernen von physischgeographisch-geoökologischen Sachverhalten und Zusammenhängen. Dabei wird angenommen, daß Einsicht in Vernetzungen zu einem umfassenden Verständnis des Geosystems Erde wesentlich beiträgt.

WEBGEO besteht aus einer vernetzten Basisinformation in verschiedenen Modulen. Den Benutzern können verschiedene Navigationsmöglichkeiten offeriert werden, z. B.

> hierarchisch (in Entsprechung zum Aufbau eines Lehrbuchs)
> *guided tour* (in Form von Kursen oder Seminaren, die spezielle Themen verfolgen)
> unter Benutzung eines die Vernetzungen darstellenden *tools*.

Die Module sind speziell aufbereitete Hypertextumgebungen, die aus einer bestimmten Anzahl einzelner Lehr-/Lern-Arrangements, den virtuellen Bausteinen, bestehen. Die didaktische Hauptfunktion von Modulen bzw. virtuellen Bausteinen ist die Übermittlung von Informationen bzw. die Generierung von Wissen. Die Module können somit als Systeme informationsorientierter bzw. wissensgenerierender virtueller Bausteine bezeichnet werden. Diese virtuellen Bausteine werden den Studierenden im Rahmen von Hypertextumgebungen, d. h. verkettet durch Querverweise (sogenannte Hyperlinks), angeboten. Neben der Informationsorientierung haben diese virtuellen Bausteine die Aufgabe, den Wissens- und Kompetenzaufbau zu unterstützen.

WWW-basierte Tests dienen hierbei der Rückmeldung über den individuellen Wissensstand, Übungssequenzen (einschließlich Modellrechnungen, Simulationen, virtuellen Exkursionen etc.) dem Training bestimmter Kenntnisse durch Transfermöglichkeiten in anwendungsnahen Lehr-/Lern-Kontexten. Nach der Entwicklung erster virtueller Bausteine als didaktische Programmelemente muß deren Typisierung nach Lernstrategien erfolgen, da je nach der angewandten Lernstrategie auch eine spezifische Evaluationsform anzuwenden ist. Somit wird die Evaluation bereits bei der Planung der Module (Aufstellung von Modellen etc.) mit berücksichtigt.

Die Hypertextform erfordert bei den studentischen Nutzern einerseits die Gewöhnung an veränderte Rezeptionsfertigkeiten, andererseits bietet sie den Studierenden individuelle Zugänge zu Lerninhalten. Wichtiges Nebenergebnis der Arbeit mit WEBGEO- Modulen ist der Erwerb unterschiedlicher Kompetenzen in der Nutzung computerunterstützter Medien.

❸ Zunächst sollen die konzipierten Module allen Zielgruppen zur Verfügung stehen, die sich für die Geowissenschaften und die Prozeßabläufe in unserer Umwelt interessieren.

In erster Linie richtet sich das Angebot an Studierende in Studiengängen der Geographie bzw. Umweltwissenschaften mit folgender Ausrichtung:

> Lehramt
> Diplom, MSc, BSc, MA, BA für verschiedene Arbeitsmarktsegmente wie Umwelt, Planung, Kommunikation
> Nebenfach (Geologie, Meteorologie etc.)

Weitere Zielgruppen sind Lehrkräfte (Fortbildung) sowie Schülerinnen und Schüler an weiterführenden Schulen.
Das Projekt WEBGEO ermöglicht das (ergänzende) Selbststudium und Lernkontrollen über integrierte Testmodule.

❹ Im Teilprojekt Pedo können folgende Ziele und Inhalte definiert werden.

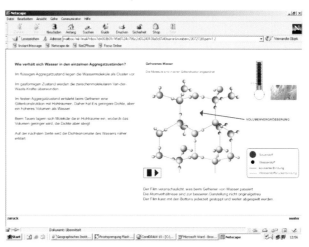

Animation zur Frostsprengung

Als Basis für ein tiefergehendes Verständnis der Bodenkunde erfolgt zunächst eine semi-quantitative Umsetzung der bodenbildenden Prozesse und ihrer Faktoren in einzelnen Modulen. Dabei wird auch die variierende Relevanz der einzelnen bodenbildenden Faktoren berücksichtigt.

Darauf aufbauend werden die Böden als Kompartimente der regionalen Landschaftsentwicklung betrachtet. Dies geschieht durch die Integration des Faktors Zeit und die Übertragung der bislang in der Theorie vorgestellten Zusammenhänge bzw. ihre großmaßstäbige, modellhafte Umsetzung im Bodenmonolithen auf eine kleinmaßstäbigere Ebene (global, regional, lokal). Beispielhaft werden diese Zusammenhänge an Topo- und Chronosequenzen der periglazialen Schuttdecken in Mitteleuropa erläutert.

Das Problembewußtsein des Studierenden wird geschärft durch die Integration angewandter bodengeographischer Fragestellungen. Themen wie Altlasten, Bodendegradierung und urbane Böden werden in einzelnen Modulen umgesetzt.

Rüdiger Glaser
ruediger.glaser@urz.uni-heidelberg.de
Kai-W. Boldt
kai.boldt@urz.uni-heidelberg.de

Die Heidelberger *Hettner-Lecture*

Mit der seit 1997 jährlich stattfindenden *Hettner-Lecture* hat das Geographische Institut der Universität Heidelberg zusammen mit der Klaus Tschira Stiftung eine Veranstaltung ins Leben gerufen, die in bislang einmaliger Weise den Kontakt zu international führenden Vertretern des Faches herstellt und vor allem Nachwuchswissenschaftlern eine intensive Auseinandersetzung mit innovativen Ansätzen in der Humangeographie ermöglicht. Während eines etwa zehntägigen Besuchs in Heidelberg hat der *Hettner-Lecturer* neben zwei öffentlichen Vorträgen und drei ganztägigen moderierten Seminaren Gelegenheit, Geographen zahlreicher Universitäten aus dem überwiegend deutschsprachigen Raum auch im informellen Gespräch kennenzulernen.

① Ziele
② Vorträge und Seminare
③ Dokumentation
④ Impulse

① Der neue Veranstaltungstyp greift aktuelle theoretische Entwicklungen im Spannungsfeld von Geographie, Ökonomie, Geistes- und Sozialwissenschaften auf. Neben der engeren Fachöffentlichkeit wendet sich die *Hettner-Lecture* vor allem an junge Wissenschaftler und Studierende, die bereits in einem frühen Stadium ihrer beruflichen Laufbahn an international diskutierte Forschungsperspektiven in geographischer Theorie und Praxis herangeführt werden sollen. Gleichzeitig verfolgt die *Hettner-Lecture* das Ziel, die Attraktivität und Relevanz geographischer Forschung gegenüber Vertretern anderer wissenschaftlicher Disziplinen und einer breiten Öffentlichkeit hervorzuheben und die methodisch-theoretische Diskussion über Disziplin- und Ländergrenzen hinweg zu intensivieren.

Hettner-Lecture 2001: David LIVINGSTONE im Gespräch mit Hans-Georg GADAMER. Photo: NÜCKER

② In einem Festvortrag zum Auftakt der Veranstaltung vermittelt der Gast in der Alten Aula der Universität zentrale Aspekte seiner gegenwärtigen Forschungsarbeit an ein breites öffentliches Publikum. Der zweite Vortrag wendet sich an ein primär fachwissenschaftliches Auditorium und beleuchtet in stärkerem Maße auch theoretische Positionen und Kontroversen.

Alfred HETTNER (1859-1941). Inhaber der ersten Professur für Geographie in Heidelberg und Begründer der Geographischen Zeitschrift. HETTNER bestimmte maßgeblich den theoretischen und methodischen Diskurs der Geographie seiner Zeit und war zugleich Autor zahlreicher länderkundlicher Studien. Photo: Archiv des Geographischen Instituts

Dieser Vortrag wird durch Live-Übertragung im Internet weltweit zugänglich gemacht. Eine Möglichkeit zu intensiven Auseinandersetzungen mit den Themen und Standpunkten des Hettner-Lecturers bieten drei ganztägige Seminarveranstaltungen, die sich vor allem an qualifizierte Studierende und jüngere Wissenschaftler an Universitäten im In- und Ausland richten. Als Tagungsort stellt die Klaus Tschira Stiftung das umgebaute Studio der Villa Bosch mit den historischen Gartenanlagen zur Verfügung (*http://www.villa-bosch.de/*).

Hettner-Lecture 1998: Internet-Übertragung des Vortrags von Doreen MASSEY. Photo: NÜCKER

Hettner-Lecture 1997: Diskussionen mit Derek GREGORY in der Villa Bosch der Klaus Tschira Stiftung. Photo: NÜCKER

③ Um über die eigentliche Veranstaltung hinaus die wissenschaftlichen Erträge der *Hettner-Lecture* zu dokumentieren und einem erweiterten Interessentenkreis verfügbar zu machen, wurde eine englischsprachige Reihe ins Leben gerufen, die im Selbstverlag des Heidelberger Geographischen Instituts erscheint: die *Hettner-Lectures*. Neben den beiden öffentlichen

Diskussionen um geographische Theorie und Praxis. Photo: NÜCKER

Hettner-Lecture 2000: John AGNEW stellt neuere Konzepte geopolitischen (Nach)denkens vor. Photo: NÜCKER

Weiterhin erfolgt eine Videoaufzeichnung der beiden Vorträge, die auf Kassetten zum Verkauf bereit stehen und in Auswahl auch über den Mediaserver der Universität Heidelberg (*http://www.uni-heidelberg.de/media/index.html*) abgerufen werden können.

❹ Die Heidelberger *Hettner-Lecture* zählt fünf Jahre nach ihrer Begründung zu den herausragenden Veranstaltungen der Humangeographie im deutschsprachigen Raum. Die große Resonanz der Vorträge, Seminare und Publikationen spiegelt sich nicht nur in zahlreichen Presseberichten und Rezensionsartikeln in- und ausländischer Fachzeitschriften, sondern mehr noch in der raschen Verbreitung der vorgestellten Ideen und Konzepte. Insbesondere aus den moderierten Seminaren der *Hettner-Lecture* konnten sich feste Kontakte und Netzwerke herausbilden, auf deren Grundlage Folgebesuche der Hettner-Lecturer auch an anderen Instituten möglich wurden. Bis heute hat sich ein kontinuierlicher inhaltlicher Austausch unter den Seminarteilnehmern auch über Ländergrenzen hinweg entwickelt. Die positiven Erfahrungen der Heidelberger *Hettner-Lecture* machen diese Veranstaltungsform auch für andere Orte zu einem attraktiven Modell der Nachwuchsförderung und internationalen Begegnung in der Geographie.

Hettner-Lecture 1999: Michael WATTS und die Teilnehmer einer Seminarveranstaltung. Photo: NÜCKER

Vorträgen werden weitere Beiträge aufgenommen, um ein umfassendes Bild des Hettner-Lecturers und seiner Forschungsschwerpunkte zu vermitteln. Dazu zählen beispielsweise Transkriptionen der Seminarveranstaltungen, Interviews mit dem Gast oder ergänzende wissenschaftliche Artikel. Abgerundet werden die Texte durch einen kleinen photographischen Rückblick auf die Veranstaltung. Einer der beiden Vorträge wird zugleich in der Geographischen Zeitschrift abgedruckt, die vor über 100 Jahren von Alfred HETTNER begründet wurde.

Tim Freytag, Michael Hoyler und Heike Jöns
tim.freytag@urz.uni-heidelberg.de
michael.hoyler@urz.uni-heidelberg.de
heike.joens@urz.uni-heidelberg.de

HETTNER-LECTURES

Managing Editor: Michael Hoyler
Series Editors: Hans Gebhardt and Peter Meusburger

Schlüsselkompetenzen aktiven Studierens

Organisations- und Teamfähigkeit, eigenverantwortliches Denken und Handeln sowie sicheres persönliches Auftreten zählen neben der fachlichen Qualifikation zu den wichtigsten Grundvoraussetzungen für ein zielbewußtes Studium und einen erfolgreichen Berufseinstieg. Als Schlüsselkompetenzen können sowohl handwerkliche Fertigkeiten als auch persönlichkeitsbezogene Eigenschaften wie soziale Kompetenz und aktive Selbständigkeit gefaßt werden, die sich gegenseitig ergänzen und erst im Zusammenwirken voll zur Entfaltung kommen. Vor diesem Hintergrund wird seit den frühen 1990er Jahren in Heidelberg ein integratives Gesamtkonzept zur studienbegleitenden Vermittlung von Schlüsselkompetenzen erfolgreich eingesetzt.

❶ Strukturen kooperativer Beratung
❷ Das Tutorenprogramm
❸ Institut als Schnittstelle
❹ Fazit

❶ Als 1993 beantragte Sondermittel des Landes Baden-Württemberg zur Verbesserung der Lehre für das an der Universität Heidelberg initiierte „Projekt Kooperative Beratung" bereitgestellt wurden, gelang es einer kleinen Gruppe von Studierenden, die Geographie als eines der ersten Fächer mit der Entwicklung eines Tutorenprogramms für Erstsemester in der Aufbauphase des Projekts zu beteiligen. Durch frühe soziale Integration und die gezielte Vermittlung von Schlüsselkompetenzen aktiven Studierens sollen die Studierenden in ihrem eigenverantwortlichen Handeln gestärkt und zu einem effizienten

Studium geführt werden. Das Projekt „folgt [damit] nicht der Logik ‚Ein *kurzes* Studium ist immer ein gutes Studium', sondern dem umgekehrten Schluß: ‚Ein *gutes* Studium ist meist auch ein zügiges Studium'." (CHUR 1996, 8).

❷ Das Tutorenprogramm umfaßt heute vier Veranstaltungstypen, die an wichtigen Phasen des Studiums ansetzen (FREYTAG / HOYLER 1998b): eine mehrtägige Orientierungseinheit zu Studienbeginn, ein semesterbegleitendes Tutorium für Erstsemester, eine vertiefende Veranstaltung für Studierende im Grundstudium sowie ein Tutorium für Examenskandidaten. Die Orientierungseinheit dient vor allem dem Kennenlernen des Instituts und der Kommilitonen (u. a. durch gemeinsame Campustour, Gruppengespräche und Dozenteninterviews). In enger Abstimmung mit den Lehrveranstaltungen am Institut versucht das fakultative Erstsemestertutorium, grundlegende Techniken des wissenschaftlichen Arbeitens zu vermitteln und soziale wie kommunikative Kompetenzen zu fördern. Beginnend mit einer Einführung in Instituts- und Universitätsbibliothek trainieren die Studierenden im Laufe ihres ersten Semesters den Umgang mit Literatur (Recherche, Zitat und Dokumentation) und wissenschaftliche Formen des Lesens und Schreibens (Exzerpieren, Protokollieren, Verfassen von Thesenblatt, Referat und Hausarbeit). Weiterhin proben sie den freien Vortrag unter Einsatz von Präsentationsmedien und werden an das Arbeiten mit dem PC herangeführt (PC-Pool, Internet, Literaturdatenbanken, Rechenzentrum). Außerdem werden im Tutorium Techniken des selbstgesteuerten Lernens (Zeitplanung, Einsatz verschiedener Lernformen, individuelle Lernprozesse) angesprochen. Der Einsatz von *Teamteaching*, moderierter Plenumsdiskussion und Arbeit in Kleingruppen ermöglicht den Studierenden eine aktive Teilnahme, verleiht ihnen Selbstbewußtsein und stärkt ihre soziale und kommunikative Kompetenz. Eine intensive und professionelle Vorbereitung der Tutorinnen und Tutoren auf ihre Aufgabe leistet das verpflichtende Schulungsprogramm des universitären Zentrums für Studienberatung und Weiterbildung (ZSW), an dem auch ausgewählte

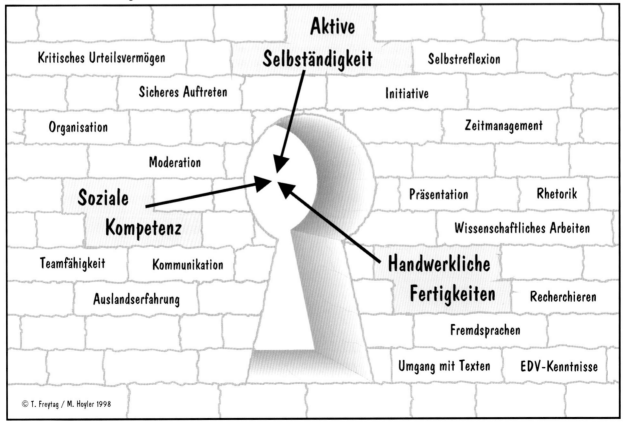

© T. Freytag / M. Hoyler 1998

andere Fächer teilnehmen. Grundlagen des wissenschaftlichen Arbeitens werden gleichzeitig anhand einer Broschüre vermittelt, die 1994 am Geographischen Institut konzipiert und seitdem durch das ZSW und den Klett-Verlag in mehreren Auflagen mit einem Gesamtumfang von bisher 45.000 Exemplaren an Heidelberger Studierende und andere Interessenten an deutschsprachigen Schulen und Hochschulen verteilt wurde (BANTHIEN / FREYTAG / VOGEL 1998).

Im weiteren Verlauf des Studiums können Workshops wahrgenommen werden, die unter anderem Fertigkeiten in Präsentation und Rhetorik vertiefen. Zum Sommersemester 2002 wird dieses Angebot erstmals in Form eines proseminarbegleitenden Tutoriums umgesetzt. An einer ebenfalls sensiblen und sehr arbeitsintensiven Phase des Studiums, die von vielen Studierenden auch als psychische Belastung empfunden wird, setzt die Betreuung im Examenstutorium an. Die Veranstaltung dient weniger der Beantwortung konkreter Prüfungsfragen und soll vielmehr Lern- und Motivationstechniken, Prüfungspsychologie und Strategien für das Zeitmanagement erarbeiten, die den Absolventen auch später in Bewerbungssituationen und im Beruf zugute kommen.

❸ In Heidelberg hat man sich entschlossen, ein möglichst breites fakultatives Angebot am Institut zu entwickeln. Neben dem beschriebenen Tutorenprogramm sind dies beispielsweise die PraktikumsInitiative Geographie, internationale Austauschbeziehungen in Form der Erasmus/Sokrates-Programme für Studierenden- und Dozentenmobilität, die Heidelberger *Hettner-Lecture* oder ein Mentorenprogramm zur persönlichen Betreuung einzelner Studierender in Kleingruppen durch die Lehrenden am Institut. Darüber hinaus wird gezielt auf geeignete Angebote anderer (meist universitärer) Einrichtungen hingewiesen, wie z. B. auf das Universitätsrechenzentrum und das Zentrale Sprachlabor sowie das Kursprogramm des Zentrums für Studienberatung und Weiterbildung oder die Initiative „Magister in den Beruf". Damit auf diese Weise vermittelte Kenntnisse in den Lehrveranstaltungen der Geographie zur Anwendung kommen und weiterentwickelt werden, ist es erforderlich, daß die Lehrenden ihre Studierenden nicht nur auf entsprechende Angebote hinweisen, sondern diese Kompetenzen auch explizit in Verknüpfung mit den Fachinhalten verlangen. Dies setzt auch bei den Lehrenden die Bereitschaft zu Methodenvielfalt und didaktischem Engagement voraus.

Gelöste Atmosphäre beim Dozenteninterview. Photo: NÜCKER (1998)

❹ Leitgedanke des Heidelberger Konzepts ist eine Vernetzung des verpflichtenden Lehrprogramms mit fakultativen Veranstaltungen zur Vermittlung von Schlüsselkompetenzen, die sowohl am eigenen Institut, als auch an anderen universitären Einrichtungen angeboten werden. Dieses vielfältige Angebot erlaubt es den Studierenden, ihre Interessen und Fähigkeiten individuell auszubilden und in den Lehrveranstaltungen auch einzusetzen. In welchem Maße ein Studierender von den Tutorien profitiert, hängt entscheidend von der persönlichen Bereitschaft ab, dieses Angebot aktiv als Teilnehmer und vielleicht später auch als Tutor wahrzunehmen. Bei vielen Studierenden ist eine wachsende Motivation und Identifikation mit Fach und Institut sowie eine verstärkte Zusammenarbeit untereinander festzustellen. Der Erfolg des Projekts zeigt, daß bei einem gemeinsamen Engagement aller Beteiligten auch mit begrenzten finanziellen Mitteln eine Verbesserung der Studienbedingungen erzielt werden kann.

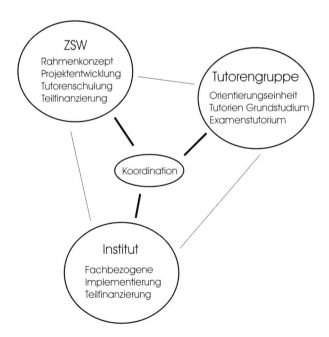

Organisation des Tutorenprogramms. Entwurf: FREYTAG / HOYLER

Tim Freytag und Michael Hoyler
tim.freytag@urz.uni-heidelberg.de
michael.hoyler@urz.uni-heidelberg.de

Initiative ‚Praktika in der Geographie' (PIG)

Die Zahl der Absolventen am Geographischen Institut der Universität Heidelberg liegt seit Mitte der 1990er Jahre bei jährlich etwa 70 Studierenden, deren Übergang in ein geregeltes Beschäftigungsverhältnis seitens der Bewerber einiges Engagement verlangt. Ausgebildete Diplomgeographen konkurrieren mit Hoch- und Fachhochschulabsolventen anderer Disziplinen sowie mit Kandidaten des Lehramts an Gymnasien, die ihren Vorbereitungsdienst im Referendariat nicht sofort antreten können oder möchten.

Im gegenwärtigen Trend bietet der Arbeitsmarkt ausgebildeten Geographen zwar nur begrenzte Beschäftigungsmöglichkeiten in den traditionellen Bereichen der räumlichen Planung oder im Öffentlichen Dienst, aber zugleich vollzieht sich eine starke Expansion im Bereich neuer und vorwiegend EDV-orientierter Berufsfelder der freien Wirtschaft. Am Geographischen Institut der Universität Heidelberg hat sich die 1993 begründete Praktikumsinitiative Geographie zum Ziel gesetzt, Studierende beim Auffinden attraktiver außeruniversitärer Praktikumsplätze zu unterstützen und auf diese Weise eine Brücke zwischen Studium und Beruf zu errichten.

❶ Entstehung der Praktikumsinitiative
❷ Praktikumskartei
❸ Weitere Aktivitäten und Veranstaltungen
❹ Perspektiven

Neues Logo der Initiative ‚Praktika in der Geographie' (PIG) am Geographischen Institut der Universität Heidelberg

❶ Für einen erfolgreichen Berufseinstieg gewinnen der gezielte Erwerb von Zusatzqualifikationen und Schlüsselkompetenzen sowie eine an den individuellen Interessen und Fähigkeiten orientierte fachliche Spezialisierung im Verlauf des Studiums zunehmend an Bedeutung. Mitte der 1990er Jahre entstand vor diesem Hintergrund am Geographischen Institut in Heidelberg ein Konzept, das Studierenden helfen möchte, eine aktive Selbständigkeit zu entwickeln, die ihnen in Studium und Beruf zugute kommt. Die tragenden Elemente des Konzepts sind die aus studentischem Engagement hervorgegangenen Initiativen „Projekt Kooperative Beratung" und „Praktikumsinitiative Geographie" (FREYTAG / HOYLER 1998c). Während sich das Projekt Kooperative Beratung neben der Examensvorbereitung mit seinem Tutorienprogramm in erster Linie der Entfaltung von Schlüsselkompetenzen und der Vermittlung von Techniken des wissenschaftlichen Arbeitens verschrieben hat, sieht die im Januar 1993 von einer Gruppe Studierender begründete Praktikumsinitiative ihre Hauptaufgabe in der Intensivierung von Kontakten zwischen der Universität und ausgewählten Unternehmen oder Behörden sowie in der beruflichen Information und Qualifikation von Studierenden.

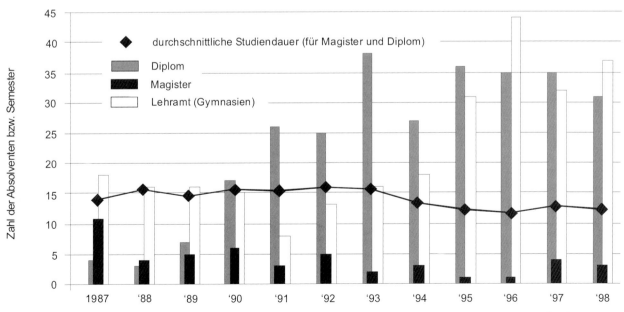

Entwicklung der Absolventenzahlen am Geographischen Institut in Heidelberg. Quelle: unveröffentlichte Daten der Studienberatung am Geographischen Institut der Universität Heidelberg

Planung auf sämtlichen Ebenen

Umweltschutz

Öffentlichkeitsarbeit

Forschung

Datenverarbeitung

GIS und Kartographie

Entwicklungshilfe

Die wichtigsten Tätigkeitsbereiche für Praktika bei den in der Praktikumskartei geführten Unternehmen und Behörden

❷ Am Anfang der Aktivitäten der PraktikumsInitiative Geographie stand die Erfassung bereits vorhandener Kontakte der Institutsangehörigen zu Behörden und Unternehmen, die als Anbieter von Praktika für Studierende der Geographie in Betracht kommen. Kurzbeschreibungen der verfügbaren Praktikumsplätze wurden anhand eines Fragebogens ermittelt und in einer Praktikumskartei dokumentiert, die laufend aktualisiert und erweitert wird und heute ein Angebot von etwa 250 Praktikumsmöglichkeiten im In- und Ausland mit einem räumlichen Schwerpunkt in Südwestdeutschland umfaßt.

❸ In einer wöchentlichen Sprechstunde haben Studierende Gelegenheit zu Beratungsgesprächen und können die Praktikumskartei mit weiterführendem Informationsmaterial und Erfahrungsberichten ehemaliger Praktikanten sowie einschlägiger Bewerbungsliteratur einsehen. Mit ihrem weiteren Veranstaltungsprogramm verfolgt die Initiative ‚Praktika in der Geographie' das Ziel, unter Studienanfängern und fortgeschrittenen Studierenden ein Bewußtsein für Berufsperspektiven zu entwickeln und gleichzeitig einen Erfahrungsaustausch zwischen Studierenden, Praktikanten und Berufstätigen zu unterstützen. Im einzelnen organisiert die Initiative Bewerbungsworkshops, Tagesexkursionen zu Unternehmen und Behörden sowie moderierte Gesprächsrunden mit berufstätigen Geographen und praktikumserfahrenen Studierenden. Hinzu kommen fächerübergreifende Veranstaltungen ohne unmittelbaren Praktikums- oder Berufsbezug, wie etwa eine Interneteinführung oder Einführungen ins wissenschaftliche Arbeiten (BANTHIEN / FREYTAG / VOGEL 1998). Für die Institutsbibliothek wurde einschlägige Literatur zu Praktikum, Bewerbung und Beruf erworben. Eine Homepage mit weiterführenden Links zu Unternehmen, Online-Praktikumsbörsen und Bewerbungshilfen im Internet besteht seit 1996.

❹ Dank des Engagements der beteiligten Studierenden und der anhaltenden Unterstützung durch das Geographische Institut ist es in nahezu zehn Jahren kontinuierlicher Arbeit gelungen, mit der Praktikumsinitiative am Institut eine gut funktionierende Schnittstelle zu etablieren, die der Intensivierung von Verbindungen zwischen universitärer Ausbildung und beruflicher Praxis dient. Studierende und Absolventen erhalten wichtige Anregungen für ihre Bewerbung um attraktive Praktikums-

plätze in Unternehmen und Behörden, was angesichts des in der künftigen Diplomprüfungsordnung als verpflichtend vorgesehenen außeruniversitären Praktikums eine zusätzliche Bedeutung gewinnt.

Magister in den Beruf (MIB)

Ausbildungsprogramm Berufsvorberei-tung am Zentrum für Studienberatung und Weiterbildung der Universität Heidelberg

AIESEC Heidelberg

Akademisches Auslandsamt der Univer-sität Heidelberg

Hochschulteam des Arbeitsamts

PraktikumsInitiative Geographie (PIG)

Wege in den Beruf (WIB) an der Pädago-gischen Hochschule Heidelberg

Change Agent Projekt am Theologischen Seminar der Universität Heidelberg

Jump am Institut für Soziologie an der Uni-versität Heidelberg

AGIL – ein Zusammenschluß Heidelberger Praxisinitiativen

Durch die Aktivitäten der Initiative ‚Praktika in der Geographie', die in Heidelberg mit anderen Praxisinitiativen im Informations- und Organisationsnetzwerk AGIL zusammengeschlossen ist, sind feste Kontakte zwischen dem Geographischen Institut und potentiellen Arbeitgebern seiner Studierenden entstanden. Die Absolventen des Instituts tragen häufig zur Pflege und Intensivierung dieser Verbindungen bei, nachdem sie einen dauerhaften Arbeitsplatz gefunden haben. Die in der Initiative mitwirkenden Studierenden entwickeln durch ihre Tätigkeit wertvolle organisatorische und kommunikative Kompetenzen, die an jüngere Semester weitergegeben werden und auf diese Weise auch dem Institut dauerhaft zugute kommen. Eine besondere Anerkennung ihrer Arbeit fand die Praktikumsinitiative im Juni 1999, als sie mit dem Preis des Vereins der Freunde der Universität Heidelberg e.V. ausgezeichnet wurde.

Tim Freytag
tim.freytag@urz.uni-heidelberg.de

Publikationen des Geographischen Instituts - Heidelberger Geographischen Arbeiten (HGA)

Das Heidelberger Geographische Institut veröffentlicht seit 1956 im Selbstverlag eine Schriftenreihe, die Heidelberger Geographischen Arbeiten (HGA). Neben herausragenden Dissertationen von Studierenden des Geographischen Instituts erscheinen in dieser Reihe auch Sammelbände, die bestimmte Ereignisse und/oder Personen mit einer Sammlung von Aufsätzen würdigen oder Ergebnisse interessanter Tagungen oder Forschungsprojekte dokumentieren. In den vergangenen Jahren (1999 bis 2002) veröffentlichte der Selbstverlag sieben neue Bände (HGA 109 bis HGA 115); ein achter Band wird derzeit redaktionell überarbeitet (vgl. Übersicht).

Ulrike TAGSCHERER: Mobilität und Karriere in der VR China – Chinesische Führungskräfte im Transformationsprozeß. 1999. 254 S., 31 Abb., 19 Tab., 8 Karten.

Heft 109, € 19,90

Martin GUDE: Ereignissequenzen und Sedimenttransporte im fluvialen Milieu kleiner Einzugsgebiete auf Spitzbergen. 2000. 125 S., 28 Abb., 17 Tab.

Heft 110, € 14,50

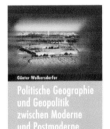

Günter WOLKERSDORFER: Politische Geographie und Geopolitik zwischen Moderne und Postmoderne. 2001. 272 S., 43 Abb., 6 Tab.

Heft 111, € 19,90

Paul REUBER / Günter WOLKERSDORFER (Hg.): Politische Geographie. Handlungsorientierte Ansätze und Critical Geopolitics. 2001. 304 S. Mit Beiträgen von H. GEBHARDT, T. KRINGS, J. LOSSAU, J. OßENBRÜGGE, A. PAASI, P. REUBER, D. SOYEZ, U. WARDENGA, G. WOLKERSDORFER u.a.

Heft 112, € 19,90

Anke VÄTH: Erwerbsmöglichkeiten von Frauen in ländlichen und suburbanen Gemeinden Baden-Württembergs. Qualitative und quantitative Analyse der Wechselwirkungen zwischen Qualifikation, Haus-, Familien- und Erwerbsarbeit. 2001. 386 S., 34 Abb., 54 Tab., 1 Karte.

Heft 113, € 21,50

Heiko SCHMID: Der Wiederaufbau des Beiruter Stadtzentrums. Ein Beitrag zur handlungsorientierten politisch-geographischen Konfliktforschung. 2002. 296 S., 61 Abb., 6 Tab.

Heft 114, € 19,90

Mario GÜNTER: Kriterien und Indikatoren als Instrumentarium nachhaltiger Entwicklung. Eine Untersuchung sozialer Nachhaltigkeit am Beispiel von Interessengruppen der Forstbewirtschaftung auf Trinidad. 2002. 320 S., 23 Abb., 14 Tab.

Heft 115, € 19,90

Heike JÖNS: Grenzüberschreitende Mobilität und Kooperation in den Wissenschaften. Deutschlandaufenthalte US-amerikanischer Humboldt-Forschungspreisträger aus einer erweiterten Akteursnetzwerkperspektive.

in Vorbereitung

Heft 116

Die Themen der einzelnen Bände zeigen die Spannbreite geographischer Forschungen in Heidelberg. Eine Liste sämtlicher HGA-Bände können Sie abrufen unter *http://www.geog.uni-heidelberg.de/hga/hgatitel.html* oder anfordern beim:

Selbstverlag der Heidelberger Geographischen Arbeiten – Geographisches Institut der Universität Heidelberg
Berliner Straße 48, 69120 Heidelberg – Fax: 06221 / 54 55 85, email: *hga@urz.uni-heidelberg.de*
Bestellungen bitte ebenfalls an diese Anschrift.

Heft 88   Peter MEUSBURGER / Jürgen SCHMUDE (Hg.): Bildungsgeographische Studien über Baden-Württemberg. Mit Beiträgen von M. BECHT, J. GRABITZ, A. HÜTTERMANN, S. KÖSTLIN, C. KRAMER, P. MEUSBURGER, S. QUICK, J. SCHMUDE und M. VOTTELER. 1990. 291 S., 61 Abb., 54 Tab. € 19,--

Heft 89   Roland MÄUSBACHER: Die jungquartäre Relief- und Klimageschichte im Bereich der Fildeshalbinsel Süd-Shetland-Inseln, Antarktis. 1991. 207 S., 87 Abb., 9 Tab. € 24,50

Heft 90   Dario TROMBOTTO: Untersuchungen zum periglazialen Formenschatz und zu periglazialen Sedimenten in der "Lagunita del Plata", Mendoza, Argentinien. 1991. 171 S., 42 Abb., 24 Photos, 18 Tab. und 76 Photos im Anhang. € 17,--

Heft 91   Matthias ACHEN: Untersuchungen über Nutzungsmöglichkeiten von Satellitenbilddaten für eine ökologisch orientierte Stadtplanung am Beispiel Heidelberg. 1993. 195 S., 43 Abb., 20 Tab., 16 Fotos. € 19,--

Heft 92   Jürgen SCHWEIKART: Räumliche und soziale Faktoren bei der Annahme von Impfungen in der Nord-West Provinz Kameruns. Ein Beitrag zur Medizinischen Geographie in Entwicklungsländern. 1992. 134 S., 7 Karten, 27 Abb., 33 Tab. € 13,--

Heft 93   Caroline KRAMER: Die Entwicklung des Standortnetzes von Grundschulen im ländlichen Raum. Vorarlberg und Baden-Württemberg im Vergleich. 1993. 263 S., 50 Karten, 34 Abb., 28 Tab. € 20,--

Heft 94   Lothar SCHROTT: Die Solarstrahlung als steuernder Faktor im Geosystem der subtropischen semiariden Hochanden (Agua Negra, San Juan, Argentinien). 1994. 199 S., 83 Abb., 16 Tab. € 15,50

Heft 95   Jussi BAADE: Geländeexperiment zur Verminderung des Schwebstoffaufkommens in landwirtschaftlichen Einzugsgebieten. 1994. 215 S., 56 Abb., 60 Tab. € 14,--

Heft 96   Peter HUPFER: Der Energiehaushalt Heidelbergs unter besonderer Berücksichtigung der städtischen Wärmeinselstruktur. 1994. 213 S., 36 Karten, 54 Abb., 15 Tab. € 16,--

Heft 97   Werner FRICKE / Ulrike SAILER-FLIEGE (Hg.): Untersuchungen zum Einzelhandel in Heidelberg. Mit Beiträgen von M. ACHEN, W. FRICKE, J. HAHN, W. KIEHN, U. SAILER-FLIEGE, A. SCHOLLE und J. SCHWEIKART. 1995. 139 S. € 12,50

Heft 98   Achim SCHULTE: Hochwasserabfluß, Sedimenttransport und Gerinnebettgestaltung an der Elsenz im Kraichgau. 1995. 202 S., 68 Abb., 6 Tab., 6 Fotos. € 16,--

Heft 99   Stefan Werner KIENZLE: Untersuchungen zur Flußversalzung im Einzugsgebiet des Breede Flusses, Westliche Kapprovinz, Republik Südafrika. 1995. 139 S., 55 Abb., 28 Tab. € 12,50

Heft 100   Dietrich BARSCH / Werner FRICKE / Peter MEUSBURGER (Hg.): 100 Jahre Geographie an der Ruprecht-Karls-Universität Heidelberg (1895-1995). 1996. € 18,--

Heft 101   Clemens WEICK: Räumliche Mobilität und Karriere. Eine individualstatistische Analyse der baden-württembergischen Universitätsprofessoren unter besonderer Berücksichtigung demographischer Strukturen. 1995. 284 S., 28 Karten, 47 Abb. und 23 Tab. € 17,--

Heft 102   Werner D. SPANG: Die Eignung von Regenwürmern (Lumbricidae), Schnecken (Gastropoda) und Laufkäfern (Carabidae) als Indikatoren für auentypische Standortbedingungen. Eine Untersuchung im Oberrheintal. 1996. 236 S., 16 Karten, 55 Abb. und 132 Tab. € 19,--

Heft 103   Andreas LANG: Die Infrarot-Stimulierte-Lumineszenz als Datierungsmethode für holozäne Lößderivate. Ein Beitrag zur Chronometrie kolluvialer, alluvialer und limnischer Sedimente in Südwestdeutschland. 1996. 137 S., 39 Abb. und 21 Tab. € 12,50

Heft 104   Roland MÄUSBACHER / Achim SCHULTE (Hg.): Beiträge zur Physiogeographie. Festschrift für Dietrich BARSCH. 1996. 542 S. € 25,50

Heft 105   Michaela BRAUN: Subsistenzsicherung und Marktpartizipation. Eine agrargeographische Untersuchung zu kleinbäuerlichen Produktionsstrategien in der Province de la Comoé, Burkina Faso. 1996. 234 S., 16 Karten, 6 Abb. und 27 Tab. € 16,--

Heft 106   Martin LITTERST: Hochauflösende Emissionskataster und winterliche SO_2-Immissionen: Fallstudien zur Luftverunreinigung in Heidelberg. 1996. 171 S., 29 Karten, 56 Abb. und 57 Tab. € 16,--

Heft 107   Eckart WÜRZNER: Vergleichende Fallstudie über potentielle Einflüsse atmosphärischer Umweltnoxen auf die Mortalität in Agglomerationen. 1997. 256 S., 32 Karten, 17 Abb. und 52 Tab. € 15,--

Heft 108   Stefan JÄGER: Fallstudien von Massenbewegungen als geomorphologische Naturgefahr. Rheinhessen, Tully Valley (New York State), Yosemite Valley (Kalifornien). 1997. 176 S., 53 Abb. und 26 Tab. € 14,50

ab Heft 109ff: vgl. nebenstehende Übersicht

Klaus Sachs
klaus.sachs@urz.uni-heidelberg.de

Heidelberger Geographische Gesellschaft (HGG)

Die HGG stellt sich vor

Die Heidelberger Geographische Gesellschaft ist eine von 22 Geographischen Gesellschaften in Deutschland, die selbständige Vereine sind, aber als korporative Mitglieder der „Deutschen Gesellschaft für Geographie" angehören. Im Vorstand der „Deutschen Gesellschaft für Geographie" sind die Geographischen Gesellschaften durch einen gewählten Obmann vertreten.

❶ Vereinsgeschichte
❷ Zielsetzungen
❸ Veranstaltungsangebot
❹ HGG-Journal

❶ 25. Juni 1948 gegründet als „Verein der Studenten und Förderer der Geographie". Einer der Gründe war die personelle Notsituation am Geographischen Institut, bedingt durch eine längere Lehrstuhlvakanz. Das Vortragsangebot des Vereins mit namhaften auswärtigen Referenten bot eine gewisse Kompensation für das mangelnde Lehrangebot. Zu den Vereinsgründern gehörten so bekannte Geographen wie Frank AHNERT, Harald UHLIG und Ulrich SCHWEINFURTH, die damals in Heidelberg studierten. Wichtig für den Bestand des jungen Vereins waren die Förderer, zu denen in der Anfangsphase u. a. die Witwe von Geheimrat Prof. A. HETTNER (Erster Direktor des Geographischen Instituts und bedeutendster Geograph in Heidelberg), der Hygieniker Prof. E. RODENWALDT sowie der Vorgeschichtler Prof. E. WAHLE gehörten.

25. Juni 1985 Gründung der „Heidelberger Geographischen Gesellschaft", die ohne Unterbrechung an die Tradition des Vorläufervereins anknüpft, aber neue Akzente setzen möchte durch eine Öffnung nach außen. Die Mitgliederzahl ist beträchtlich gewachsen auf mittlerweile 800, von denen 40% Studierende sind.

Ordentliches Mitglied kann jede natürliche oder juristische Person werden, wobei die HGG besonders auf die steuerlich interessante Möglichkeit der fördernden Mitgliedschaft (z. B. auch für Firmen und Institutionen) hinweist. Die Mitgliedschaft beinhaltet freien Eintritt zu allen Veranstaltungen, die Möglichkeit zur Teilnahme an den Exkursionen sowie den kostenlosen Bezug des HGG-Journals.

❷ Öffentlichkeitsarbeit für die Geographie: Darstellung der Geograpie als moderne gesellschaftsrelevante Wissenschaft und ihrer Problemlösungskapazität in der Stadt-, Regional- und Landesplanung, im Natur- und Umweltschutz, in der Geoinformatik, in der Entwicklungshilfe, im Tourismus, in der Verkehrsplanung usw.

Transfer der neuesten Forschungsergebnisse zum interessierten Laien, geographische Fortbildung.

Sensibilisierung für die Probleme der Raumgestaltung, Umweltkonflikte und nachhaltigen Entwicklung im globalen, nationalen, regionalen und lokalen Maßstabsbereich.

Brückenfunktion zwischen Geographischem Institut und ehemaligen Studierenden.

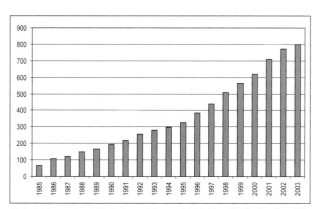

Entwicklung der Mitgliederzahl von 1985 bis 2003. Quelle: Mitgliederdatei der HGG

Quellen: EICHLER (2, 3, 5), Schweizer Landestopographie (4), Nationalatlas Deutschland (1, 6)

Heidelberger Geographische Gesellschaft (HGG)

HGG-Veranstaltungen

❸

A Problemorientierte Vortragsreihen mit jeweiligen Leitthemen, z. B.

- 1994/95 „Naturressourcen und Risikofaktoren ihrer Nutzung",
- 1995/96 „Hochgebirge und Hochländer der Erde: Lebensräume - Gefährdung - Bewahrungschancen",
- 1996/97 „Regionale Konflikte - Globale Herausforderungen",
- 1997/98 „Globaler Wandel - Welterbe",
- 1998/99 „Ozeane und Küsten",
- 1999/2000 „Megastädte - Weltstädte (Global Cities)",
- 2000/01 „Europa 21",
- 2001/02 „Ferntourismus: Potentiale, Konflikte, Nachhaltigkeitsanspruch",
- 2002/03 „Naturrisiken und Naturkatastrophen",
- 2003 „Lateinamerika".

B Einzelvorträge, vor allem aus dem Bereich der Regionalen Geographie
Referenten: wie bei den Vortragsreihen.

C Spezielle Begrüßungsveranstaltungen für neue Geographie-Studierende in Heidelberg mit Reiseberichten von Kommilitonen/innen.

D Große Auslandsexkursionen unter fachkundiger Leitung, z. B. China, Japan, Jemen, Liparische Inseln, Namibia, Nepal, VAE.

E Mehrtägige Exkursionen in Deutschland, zumeist problemorientiert, z. B. Globaler Wandel - Informationsbesuche in Großeinrichtungen.

F Eintägige Exkursionen im Rhein-Neckar-Gebiet, zumeist problemorientiert.

HGG-Report 1/2003
Heidelberger Geographische Gesellschaft

Lateinamerika

Heidelberger Geographische Gesellschaft
Berliner Straße 48 • D-69120 Heidelberg
http://www.hgg-ev.de

Aus dem HGG-Report

Heidelberger Geographische Gesellschaft
(HGG)

❹ Die Heidelberger Geographische Gesellschaft veröffentlicht eine jährlich erscheinende Zeitschrift: das HGG-Journal. Diese Zeitschrift erscheint im 18. Jahrgang 2003 und hat einen Umfang von ca. 300 Druckseiten. Sie wird kostenlos an die Mitglieder versandt und kann abonniert werden (Abonnenten aus Deutschland, Österreich und der Schweiz, insbesondere Geographische Institute sowie Bibliotheken). Die Zeitschrift behandelt schwerpunktmäßig ein Rahmenthema mit etwa acht Beiträgen. Dabei handelt es sich um Leitthemen der jeweils abgeschlossenen Vortragssaison. Außerdem enthält jedes Heft Beiträge zur „Rhein-Neckar-Forschung", zu „Geographie in Heidelberg" sowie „Varia". Aus Anlaß des 50jährigen Bestehens wurde eine Festschrift „Geographie: Tradition und Fortschritt" herausgegeben.

Naturressourcen und Risikofaktoren ihrer Nutzung,
Bd. 9 (1995), 156 S.

Hochgebirge und Hochländer der Erde: Lebensräume - Gefährdung - Bewahrungschancen,
Bd. 10 (1996), 188 S.

Regionale Konflikte - Globale Herausforderungen,
Bd. 11 (1997), 236 S.

Geographie: Tradition und Fortschritt (Festschrift zum 50jährigen Bestehen der HGG),
Bd. 12 (1998), 362 S.

Ferntourismus:
Potentiale, Konflikte, Nachhaltigkeitsanspruch
Bd.17 (2002), 338 S.

Aus dem Inhalt:

Heinz KARRASCH: Umweltverträglicher Tourismus - Ökotourismus - nachhaltiger Tourismus: Ein Beitrag zum Internationalen Jahr des Ökotourismus 2002.

Ludwig ELLENBERG: Reise in tropische Wälder - Schmaler Pfad zum Naturschutz durch Naturgenuß.

Ernst LÖFFLER: Belastung von Riffsystemen durch den Tourismus - Beispiele aus dem australischen Barriere Riff und den Malediven.

Bernhard EITEL: La Réunion, Mauritius und Seychellen - tropische Lebensräume und ihr touristisches Potential.

Roland VOGELSANG: Nationalparks in Kanada: Konflikte zwischen Tourismus und Naturschutz.

Thomas SCHMITT: Mallorca - vom Quantitäts- zum Qualitätstourismus. Eine Entwicklung zu mehr Umweltverträglichkeit?

Frauke KRAAS: Angkor und Pagan: Konflikte zwischen Schutz des Weltkulturerbes und Ferntourismus?

Globaler Wandel - Welterbe,
Bd. 13 (1998), 267 S.

Ozeane und Küsten - 50 Jahre HGG - Nachhaltigkeit in den Tropen,
Bd. 14 (1999), 302 S.

Megastädte - Weltstädte (Global Cities),
Bd. 15 (2000), 315 S.

Europa 21
Bd. 16 (2001), 364 S.

Literatur

BALHAREK, C. (1992): Die verlorenen Archive. – In: LANDESDENKMALAMT BADEN-WÜRTTEMBERG (Hrsg.): Vor dem großen Brand. – Stuttgart.

BALZEREK, H. (2001): Applicability of IKONOS - Satellite Scenes: Monitoring, Classification and Evaluation of Urbanisation Processes in Africa - Case Study of Gombe/Nigeria. – In: Proceedings of the International Symposium on Urban Remote Sensing. (= Regensburger Geographische Arbeiten, 35). – Regensburg. 15-18.

BANTHIEN, H. / FREYTAG, T. / VOGEL, S. (1998): Kleine Anleitung zum wissenschaftlichen Arbeiten. – Stuttgart.

BEAVERSTOCK, J.V. / HOYLER, M. / PAIN, K. / TAYLOR, P.J. (2001): Comparing London and Frankfurt as World Cities: A Relational Study of Contemporary Urban Change. – London (Anglo-German Foundation for the Study of Industrial Society).

BRÜCKNER, H. / SCHELLMANN, G. / VAN DER BORG, K. (2002): Uplifted beach ridges in Northern Spitsbergen as indicators for glacio-isostacy and palaeo-oceanography. – In: Zeitschrift für Geomorphologie N. F. 46 (3).

BURNS, R. / SANDERS, J. (1999): New York: An Illustrated History. – New York.

CHUR, D. (1996): Zwischenbericht des Projekts Kooperative Beratung für das Jahr 1995. (= Beratung und Kompetenzentwicklung an der Hochschule, 3). – Heidelberg.

DEITERS, J. (1996): Die Zentrale-Orte-Konzeption auf dem Prüfstand. Wiederbelegung eines klassischen Raumordnungsinstruments? – In: Informationen zur Raumentwicklung 10. – 631-646.

EITEL, B. / BLÜMEL, W. D. (1997): Pans and dunes in the southwestern Kalahari (Namibia): Geomorphology and paleoclimatic evidence. – In: Zeitschrift für Geomorphologie, Supplement-Bd. 111. – 73-95.

EITEL, B. / BLÜMEL, W.D. / HÜSER, K. (2002): Environmental transitions between 22 ka and 8 ka in monsoonally influenced Namibia – a preliminary chronology. – In: Zeitschrift für Geomorphologie N.F., Suppl.-Bd. 126. – 31-57.

EITEL, B. / EBERLE, J. (2001): Kastanozems in the Otjiwarongo region (Namibia): pedogenesis, associated soils and evidence for landscape degradation. – In: Erdkunde 55(1). – 21-31.

EITEL, B. / ZÖLLER, L. (1996): Soils and sediments in the basin of Dieprivier-Uitskot (Khorixas District / Namibia): age, geomorphic and sedimentological investigation, paleoclimatic interpretation. – In: Palaeoecology of Africa and Surrounding Islands, Vol. 24. – 159-172.

EITEL, B. et al. (2001): Dust and loessic alluvium in Northwestern Namibia (Damaraland, Kaokoveld): Sedimentology and palaeoclimatic evidence based on luminescence data. – In: Quaternary International 76/77. – 57-65.

EITEL, B. et al. (2002): Late Pleistocene / Early Holocene glacial history of northern Andréeland (northern Spitsbergen / Svalbard Archipelago): evidence from glacial and fluvio-glacial deposits. – In: Zeitschrift für Geomorphologie NF 46(3). – 43-62.

FLETCHER, J. (1849): Moral and educational statistics of England and Wales. – In: Journal of the Statistical Society of London 12. – 151-176, 189-335.

FLECHTNER, I. (2000): Architektur im Nationalsozialismus. Bauvorhaben für Heidelberg. [Diplomarbeit Univ. Heidelberg].

FREYTAG, T. (2001): Bildungsverhalten, Kultur und Identität – eine Interpretation bildungsbezogener Disparitäten in New Mexico. – In: Mitteilungsblatt des Arbeitskreises Nordamerika der Deutschen Gesellschaft für Geographie 28. – 57-63.

FREYTAG, T. / HOYLER, M. (1997): Der Karlstorbahnhof in Heidelberg. Geographische Ansätze zur Bewertung einer neuen kulturellen Einrichtung. Abschlußbericht des Geländepraktikums Anthropogeographie im Sommersemester 1997. – Heidelberg (Geographisches Institut der Universität).

FREYTAG, T. / HOYLER, M. (1998a): Das Theater der Stadt Heidelberg. Ergebnisse einer Besucherbefragung im Dezember 1997. Abschlußbericht des Geländepraktikums Anthropogeographie im Wintersemester 1997/98. – Heidelberg (Geographisches Institut der Universität).

FREYTAG, T. / HOYLER, M. (1998b): Schlüsselkompetenzen im Geographiestudium - ein Konzept zur Unterstützung der Lehre durch studentische Initiativen. – In: Rundbrief Geographie 146. – 4-7.

FREYTAG, T. / HOYLER, M. (1998c): Das Tutorenprogramm Kooperative Beratung am Geographischen Institut in Heidelberg – Konzeption, Etablierung und Perspektiven. – In: HGG-Journal 13. – 172-180.

FREYTAG, T. / HOYLER, M. (2002a): Heidelberg und seine Besucher. Ergebnisse der Gästebefragung 2000/01. Geographisches Institut der Universität Heidelberg.

FREYTAG, T. / HOYLER, M. (2002b): Öffentliche und wissenschaftliche Bibliotheken. – In: Nationalatlas Bundesrepublik Deutschland, Band 6: Bildung und Kultur. – Heidelberg, Berlin. 100-103.

FREYTAG, T. / HOYLER, M. / MAGER, C. (2002): Soziokultur und ihre Einrichtungen. – In: Nationalatlas Bundesrepublik Deutschland, Band 6: Bildung und Kultur. – Heidelberg, Berlin. 118-119.

GAMERITH, W. (1998a): Education in the United States – How Ethnic Minorities Are Faring. – In: KEMPER, Franz-Josef / GANS, Paul (Hrsg.): Ethnische Minoritäten in Europa und Amerika – Geographische Perspektiven und empirische Fallstudien. (= Berliner Geographische Arbeiten, Heft 86). – Berlin. 89-104.

GAMERITH, W. (1998b): Sprachlicher Pluralismus und Konformismus in den USA – Das Konfliktfeld "Schule". – In: Arbeitskreis "USA" der Deutschen Gesellschaft für Geographie, Mitteilungsblatt Nr. 23, März 1998. – 19-47.

GAMERITH, W. (1999): Hochqualifizierte Personen aus ethnischen Minderheitengruppen in den USA. Räumliche Divergenzen und soziale Konfliktfelder. – In: Arbeitskreis "USA" der Deutschen Gesellschaft für Geographie, Mitteilungsblatt Nr. 25, Mai 1999. – 20-32.

GAMERITH, W. (2002a): Die Vulnerabilität von Metropolen – Versuch einer Bilanz und Prognose für Manhattan nach dem 11.9.2001. – In: Petermanns Geographische Mitteilungen 146(1). – 16-21.

GAMERITH, W. (2002b): New York – Metaphorische Repräsentationen und der 11. September 2001. – In: Mitteilungen der Geographischen Gesellschaft für das Ruhrgebiet, 24. – 49-65.

GAMERITH, W. / MESSOW, E. (2000): Die Entstehung einer *Global City* – Komponenten nationaler und globaler Städtekonkurrenz am Beispiel New Yorks. – In: Mitteilungen der Österreichischen Geographischen Gesellschaft, Bd. 142. – 239-268.

GEBHARDT, H. / SCHMID, H. (1999): Beirut – Zerstörung und Wiederaufbau nach dem Bürgerkrieg. – In: Geographische Rundschau 51(4). – 210-217.

GLASER, R. / MILITZER, S. (1991): Daten zu Wetter, Witterung und Umwelt in Franken, Sachsen, Sachsen-Anhalt und Thüringen 1500-1700. (= Materialien zur Erforschung früher Umwelten, MEFU 2).

GOETZE, J. (1996): Gassen, Straßen und Raster oder die Anfänge der Stadt Heidelberg. – In: Heidelberg. Jahrbuch der Geschichte der Stadt, Jg. 1.

GUDE, M. / SCHERER, D. (1995): Snowmelt and slush torrents – Preliminary report from a field campaign in Kärkevagge, Swedish Lappland. – In: Geogr. Ann. 77A. – 199-206.

Güssefeldt, J. (1997): Zentrale Orte. Ein Zukunftskonzept für die Raumplanung? – In: Raumforschung und Raumordnung 55. – 327-336.

Häussler, J. (1999): Prototyp eines GIS-gestützten historisch-geographischen Stadtführers für das WWW. [Diplomarbeit Univ. Heidelberg].

Hepp, F. (1993): Matthaeus Merian in Heidelberg. – Heidelberg.

Hevesi, A. G. (2001): The Impact of the September 11 WTC Attack on NYC's Economy and City Revenues. – New York.

Hoyler, M. (1996): Anglikanische Heiratsregister als Quellen historisch-geographischer Alphabetisierungsforschung. – In: Heidelberger Geographische Arbeiten 100. – 174-200.

Hoyler, M. (1998): Small town development and urban illiteracy: comparative evidence from Leicestershire marriage registers 1754-1890. – In: Historical Social Research 23. – 202-230.

Hoyler, M. (2001): Alphabetisierung. – In: Lexikon der Geographie. Bd. 1. A bis Gasg. – Heidelberg. 44-45.

Hoyler, M. / Pain, K. (2002): London and Frankfurt as world cities: changing local-global relations. – In: Mayr, A. / Meurer, M. / Vogt, J. (Hrsg.): Stadt und Region: Dynamik von Lebenswelten. Tagungsbericht und wissenschaftliche Abhandlun-gen, 53. Deutscher Geographentag Leipzig, 29. September bis 5. Oktober 2001. – Leipzig. 76-87.

Ives, J. D. / Messerli, B. (1989): The Himalayan Dilemma: Reconciling Development and Conservation. – London.

Ives, J. D. / Messerli, B. (2001): Perspektiven für die zukünftige Gebirgsforschung und Gebirgsentwicklung. – In: Geographische Rundschau 53(12). – 4-7.

Jöns, H. (2002): Grenzüberschreitende Mobilität und Kooperation in den Wissenschaften: Deutschlandaufenthalte US-amerikanischer Humboldt-Forschungspreisträger aus einer erweiterten Akteursnetzwerkperspektive. (= Heidelberger Geographische Arbeiten, 116). – Heidelberg.

Jöst, M. (2000): WebGIS – Touristeninformationssystem für die Stadt Heidelberg. Systemarchitektur und -kommunikation am Beispiel eines Tourenplanungsmoduls. [Staatsexamensarbeit Univ. Heidelberg].

Klapper, H. (1992): Eutrophierung und Gewässerschutz. – Jena.

Krauter, E. (1994): Hangrutschungen und deren Gefährdungspotential für Siedlungen. – In: Geographische Rundschau 46(7-8). – 422-428.

Liedtke, H. / Marcinek, J. (1995): Physische Geographie Deutschlands. – Gotha.

Löffler, E. / Maas, I. (1992): Das Khorat Plateau - Thailands Ungunstraum. – In: Geographische Rundschau 44. – 57-64.

Mäusbacher, R. et al. (2002): Late Pleistocene and Holocene environmental changes in NW Spitsbergen – evidence from lake sediments. – In: Zeitschrift für Geomorphologie N. F. 46(4).

Mager, C. (2000): Kommunale Kulturpolitik und lokale Kulturarbeit: Dynamik und Entwicklungen des soziokulturellen Zentrums „Karlstorbahnhof" in Heidelberg. – In: HGG-Journal 15. – 164-183.

Mensing, K. (1999a): Konzeptionelle Ansätze zur Weiterentwicklung der Zentrenstruktur in Verdichtungsräumen. – In: Priebs, A. (Hrsg.): Zentrale Orte, Einzelhandelsstandorte und neue Zentrenkonzepte in Verdichtungsräumen. (= Kieler Arbeitspapier zur Landeskunde und Raumordnung, 39). – Kiel. 53-77.

Mensing, K. (1999b): Entwicklung des Einzelhandels im ländlichen Raum. Trends, Handlungsansätze, Best Practises. – Hamburg (Convent Planung und Beratung GmbH).

Merz, L. (1965): Die Heidelberger Stadtmauern. – In: Ruperto Carola 17, Nr. 38.

Meusburger, P. (1998): Bildungsgeographie: Wissen und Ausbildung in der räumlichen Dimension. – Heidelberg.

Reuber, P. (1999): Das ‚Forum der Armen' - die Rolle neuer partizipativer Bewegungen bei aktuellen Landnutzungskonflikten in Nordostthailand. – In: Die Erde 130. – 189-204.

Sachs, K. (2001): Living off limits? – Ergebnisse zur Wahrnehmung und Akzeptanz der ehemaligen US-Siedlungen in Frankfurt-Ginnheim aus der Sicht ihrer Bewohner/innen. – In: Frankfurter Statistische Berichte 4/2001. – 311-330.

Sachs, K. / Pez, P. (2002): Garnisonsstädte und Konversionsfolgen. – In: Friedrich, K. / Hahn, B. / Popp, H. (Hrsg.): Dörfer und Städte. (= Nationalatlas Bundesrepublik Deutschland, Bd. 5). – Heidelberg.

Sanders, R. / Mattson, M. T. (1998): Growing Up in America. An Atlas of Youth in the USA. – New York et al.

Sandler, B. (2000): Die Wirkung von Sanierungs- und Restaurierungsmaßnahmen auf die Nährstoffströme und die biotische Dynamik eines anthropogenen Gewässers, am Beispiel des Willersinnweihers/Ludwigshafen. [Dissertation Univ. Heidelberg].

Schelpmeier, H. (1998): Finanzausgleich für zentrale Orte. – In: Raumforschung und Raumordnung 56. – 299-306.

Schmid, H. (1999): Solidere – das globale Projekt. Wiederaufbau im Beiruter Stadtzentrum. – In: INAMO 5(20). – 9-13.

Schmid, H. (2002): Libanon: Wiederaufbau und Wirtschaftsentwicklung im nahöstlichen Friedensprozeß. – In: Geographische Rundschau 54(2). – 12-19.

Taylor, P.J. / Hoyler, M. (2000): The spatial order of European cities under conditions of contemporary globalisation. – In: Tijdschrift voor Economische en Sociale Geografie 91(2). – 176-189.

Taylor, P.J. / Hoyler, M. / Walker, D.R.F. / Szegner, M.J. (2001): A new mapping of the world for the new millennium. – In: The Geographical Journal 167(3). – 213-222.

Weinmann, R. et al. (2000): Die Besucher Heidelbergs informieren – die multimediale historische Deep Map Datenbank. – In: HGG-Journal 15. – Heidelberg.

Zipf, A. (2000): DEEP MAP / GIS – Ein verteiltes raumzeitliches Touristeninformationssystem. [Dissertation Univ. Heidelberg].

Zipf, A. et al. (2000): Deep Map – Mobiles GIS hilft Touristen bei der Navigation. – In: HGG-Journal 15. – Heidelberg.

Zipf, A. / Aras, H. (2001): Realisierung verteilter Geodatenserver mit der Open-GIS SFS für CORBA. – In: GIS - Geo-Informations-Systeme. Zeitschrift für raumbezogene Information und Entscheidungen 03/2001. – 36-41.

Zipf, A. / Krüger, S. (2001): TGML – Extending GML by Temporal Constructs – A Proposal for a Spatiotemporal Framework in XML. ACM-GIS 2001. The Ninth ACM International Symp. on Advances in Geographic Information Systems. – Atlanta.

Zipf, A. / Krüger, S. (2001): Flexible Verwaltung temporaler 3D-Geodaten. – In: GIS - Geo-Informations-Systeme. Zeitschrift für raumbezogene Information und Entscheidungen 12/2001 – 20-27.

Zipf, A. / Röther, S. (2000): Tourenvorschläge für Stadttouristen mit dem ArcView Network Analyst. – In: Liebig (Hrsg.): ArcView Arbeitsbuch. – Heidelberg.

Zipf, A. / Schilling, A. (2002): Dynamische Generierung von VR-Stadtmodellen aus 2D- und 3D-Geodaten für Tourenanimationen. – In: GIS - Geo-Informations-Systeme. Zeitschrift für raumbezogene Information und Entscheidungen 06/2002. – 24-30.